教宝宝养成好习惯

黄素勤 许晓薇 主编

青岛出版社
QINGDAO PUBLISHING HOUSE
国家一级出版社
全国百佳图书出版单位

图书在版编目（CIP）数据
教宝宝养成好习惯/黄素勤，许晓薇主编，青岛：青岛出版社，2011.10
（育儿生活丛书）
ISBN 978-7-5436-7288-8
Ⅰ.①教… Ⅱ.①黄… ②许… Ⅲ.①婴幼儿－习惯性－能力培养－基本知识 Ⅳ.①B842.6
中国版本图书馆CIP数据核字（2011）第124295号

书　　名 ● 教宝宝养成好习惯
丛书名称 ● 育儿生活丛书
本书主编 ● 黄素勤　许晓薇
本书编委 ● 王　丹　张　青　侯　梅　于桂玲
朱　萍　张　力　李　君　赵　懿
出版发行 ● 青岛出版社
社　　址 ● 青岛市海尔路182号（266061）
本社网址 ● http://www.qdpub.com
邮购电话 ● 0532-80998664　13335059110
策划编辑 ● 张化新
责任编辑 ● 刘晓艳
特约编辑 ● 曲　静
装帧设计 ● 本色国际传媒
制　　版 ● 青岛艺鑫制版印刷有限公司
印　　刷 ● 青岛嘉宝印刷包装有限公司
出版日期 ● 2011年10月第1版　2011年10月第1次印刷
开　　本 ● 32开（715mm x 1015mm）
印　　张 ● 4.5
书　　号 ● ISBN 978-7-5436-7288-8
定　　价 ● 12.80元

编校质量、盗版监督免费服务电话 8009186216
（青岛版图书售出后如发现印装质量问题，请寄回青岛出版社印刷物资处调换。
电话：0532-68068629）

FOREWORD 前言

习惯决定命运，任何成功都是从培养习惯开始的。好的习惯是人们走向成功的钥匙，而坏的习惯是通向失败的大门。对于孩子来说，养成良好的习惯比在考试中获得高分重要千倍万倍。

真正的教育应该着重于对孩子好习惯的培养，有了良好的习惯，学识和素质自然而然就能得到提高。习惯是人生之基，决定着人生的成败。所以，妈妈爸爸们必须调整自己的教育方式，引导孩子树立正确的思维及行为习惯，从而提高孩子的人格修养和心理素质。

教宝宝养成好习惯

JIAO BAO BAO YANG CHENG HAO XI GUAN

PART 1 健康生活好习惯

培养宝宝饮食好习惯

培养宝宝作息好习惯

培养宝宝独立好习惯

培养宝宝居家好习惯

帮助宝宝摆脱不良小习惯

PART 2 品格行为好习惯

宝宝的好能力与好习惯

宝宝的好规矩与好教养

教宝宝认知团体与友谊

培养人见人爱的小达人

PART 3 健康心理好习惯

PART 1
第1章
健康生活
好习惯

培养宝宝饮食好习惯

10招养成宝宝吃饭好习惯

第1招 给宝宝专用的餐桌椅

把电视关掉，玩具收起来，全家人一起坐到餐桌旁用餐，要求宝宝乖乖坐下来吃饭之前，别忘了自己先做好榜样。给宝宝一个固定的吃饭用椅。让宝宝养成吃饭就是要坐在椅子上的习惯很重要。

第2招 给宝宝适合的餐具

父母不妨给宝宝选用可爱图案的餐具来引起宝宝的兴趣，宝宝因为觉得喜欢、好玩，也会吃得更多、更开心！

第3招 给宝宝适合的食物

宝宝如果把菜吃到嘴巴里后又吐出来，妈妈要先分清楚宝宝会吐是病理性还是心理性，若不是病理性因素，这个时候

可以这样跟宝宝说（比如宝宝把不喜欢吃的青菜吐出来）：“你肚子里的饭饭想要跟青菜做好朋友，你的嘴巴可以帮忙把青菜咬一咬吞进去，让他们两个在一起吗？”

宝宝有一个特性：爱帮助人，再加上宝宝觉得好玩，所以就会开心地把青菜吃到肚子里去！有趣是宝宝学习的动力，让吃饭变成一件有趣的事，宝宝自然而然就会爱上吃饭。

第4招 多点耐心

学习吃饭是宝宝成长中的必经历程，请家长多点耐心，千万要忍住想代劳的冲动！给宝宝自我学习与成长的空间，家长请默默在旁观察并适时给予鼓励，不要担心宝宝动作慢、弄乱或弄脏。

第5招 建立危机意识

宝宝年纪小，坐不住是正常的。因此，要了解宝宝的发展特性，慢慢引导宝宝。有些椅子上设计有可以按压的玩具，也是为了吸引宝宝的注意力，帮助小一点的宝宝更愿意坐在椅子上吃饭。

第6招 运用友伴关系

让自己和宝宝成为朋友，而不是对他说“不行！”。通常大人说不能怎样，宝宝就越是要那样！

友伴关系是促进宝宝学习的动力，也可以节省不少大人管教宝宝的气力噢。

第7招 说故事引导宝宝摄取食物

让宝宝感觉吃饭时间是愉快的，这点非常重要。大人应该保持平常心，不要觉得宝宝就是故意不肯乖乖吃饭，让吃饭时间变成了亲子大战。除了用餐时间之外，平常也可以利用看故事书或是玩手偶戏的时候，以说故事的方式建立宝宝均衡摄取食物的观念，或者着手改变食物的外形来激发宝宝想吃的欲望。

第8招 清楚的原则

当宝宝刻意地把碗里面的食物倒出来时，父母要请宝宝离开餐桌。当宝宝第一次出现这样的行为时，家长就要立即跟宝宝沟通清楚，让他知道这样是不对的行为，下次再这样做时，就表示他不想吃饭，所以他必须离开餐桌。

父母要坚持自己的立场，并且说到做到，千万不可以有这次不行、下次又没关系的模糊态度，清楚的原则有助于宝宝良好行为习惯的养成。

第9招 以鼓励代替责骂

多鼓励宝宝拿汤匙吃饭，当他做对的时候，请给他赞美与掌声，让宝宝产生自信，必要的话父母也都一起换成汤匙吃饭，让宝宝观察大家都是这样做的，自然而然就会去模仿大人的行为。

第10招 多给宝宝尝试的机会

有时候，该改变的是大人的想法而不是宝宝的态度。吃饭是练出来的，家长不多给宝宝练习的机会，宝宝怎么会拿得稳、学得会呢？请家长不要急，让宝宝慢慢来，更不要怕脏，多给宝宝试着自己来的机会。

小贴士

有时候，让宝宝自己选择也是不错的方法。妈妈可给宝宝一定的自主权，共同商量每天食谱，让孩子在允许范围内自己选择。

避免养成偏食的习惯

法则1　专心吃饭，避免分心

用餐应有一定的地点，勿到处追逐喂食。告诉宝宝吃饭时

不可以玩游戏、看电视，要专心坐在餐桌椅上，与家人共享美好的餐点。当然父母也要专心吃饭，不可以看报纸杂志。

法则2　尊重宝宝的食欲

对宝宝的饮食喜好要态度中立，食欲要尊重。不可以强迫宝宝吃不喜欢的食物和过多的食物，强人所难只会造成更大的厌恶。

法则3　促进食欲

调制各种形形色色的食物，以促进宝宝的食欲。尤其针对宝宝拒吃的食物更应该加以包装隐藏，例如：将食物制作成可爱的造型，以达到矫正偏食的效果。

法则4　30分钟的用餐时间

规定合理的用餐时间，一般而言约为30分钟，时间到了或全家人都已经吃完了就请宝宝下桌，收走碗盘，不要让他一再拖延。但父母也须衡量且配合宝宝的吃饭速度，吃完饭后也可以在饭桌上陪陪宝宝。两餐中间尽量不要给予零食，若要吃点心则以蔬菜水果为主。

法则5　给予宝宝适龄的食物

父母亲应依照宝宝生理的发育提供适当的食物。例如：牙齿发育不完整时就不该提供坚硬的食物，对小宝宝也不该给予大块食物，这些都会造成宝宝吃得困难进而发展成拒食成偏食等行为。

法则6　给宝宝尝试新食物

应有系统、有计划地引进新种类的食物给宝宝品尝。每次添加一种新食物，由少量开始，逐渐增加，并观察4～7天，若无身体不适，则可继续喂食。

相反的，若出现不良身体反应，则应暂停提供这种食物，让宝宝长大些再尝试。

按时吃饭乖宝宝

宝宝玩玩具正当高兴之际，因为吃饭时间到了，妈妈就把玩具拿走禁止他继续玩，但是宝宝仍想继续玩，不想吃饭，因此大吵大闹想要继续玩，然而妈妈要他立刻去吃饭，这样亲子间的冲突也愈演愈烈！这时候妈妈该怎么办呢?

对策1　打预防针

若是妈妈在吃饭时间快到之前，就先跟宝宝预告："等会儿就要吃饭咯！玩具只能再玩10分钟。"让宝宝对接下来会发生的事情有预期心理，10分钟后妈妈再来把玩具收走，对宝宝而言就不会那么突兀，宝宝也就不容易产生抗拒反应。

对策2 坚持原则

若宝宝还是吵闹要继续玩，妈妈这时必须坚持当初只让宝宝玩10分钟的规定，接着可以让宝宝选择要自己收玩具，还是妈妈收。如果宝宝仍是哭闹，不作决定，就可以跟他说：“你不选择那就是妈妈来决定咯，妈妈决定由妈妈来收。”然后就去把玩具收起来，并告诉宝宝：“妈妈知道你还想玩，但是吃饭时间已经到了，现在妈妈带你去洗洗手、擦一把脸，准备去吃饭。”

对策3 给恢复期

若经过好言相劝后，宝宝还是继续哭闹不肯吃饭，妈妈在这时候仍要勇敢地坚持下去！给宝宝一点时间和空间去恢复情绪，妈妈在旁边等候，等待宝宝情绪恢复得差不多后，跟宝宝说：“你要妈妈牵手带你去吃饭，还是你自己走？”让宝宝二选一，但是没有不吃饭的选项。

对策4 惩罚性后果

若宝宝还是不肯呢？妈妈这时候就该宣告：“不吃饭就收走咯！你确定不吃吗？”让宝宝清楚了解到不吃饭就会面临到惩罚性的后果。

小提示

父母也可利用宝宝的逆反心里，故意冷淡他，大家一起快乐地吃饭并对宝宝说："你别吃了，菜好热。"正在玩的宝宝可能就会着急上桌了。

培养宝宝作息好习惯

宝宝睡眠好习惯

不要抱着哄到入睡

为避免不好的睡眠习惯，父母要让宝宝知道想睡觉时就得到床上，千万不要抱着哄到完全入睡再放回床上，应趁宝宝半睡半醒或快睡着时就放到床上。

尤其宝宝3~4个月就会认人，这时候更不要让他养成坏习惯，以免影响睡眠，同时也苦了大人。

让宝宝独自睡小床

宝宝和大人共睡，发生睡眠问题的几率远比非共睡者高。因为和父母共睡大床，比较容易发生宝宝被压到、被棉被盖到而窒息，或被挤下床等意外，而且宝宝会比较依赖父母。

此外，不止宝宝易受到大人的影响，大人也会被宝宝的日夜周期所影响，甚至因此威胁到夫妻之间的和谐，所以大部分的人会支持让宝宝独自睡一张床。

上床久久没睡意，先离开房间

很多宝宝即使上了床，可能也要1小时才会入睡。如果21点上床要到22点才睡，不如配合其生理时钟22点再让他上床。

此外，如果父母发现宝宝在床上已经半小时了还不睡，最好带他出房间，让他在客厅散散步、做些伸展动作或喝杯牛奶，稍微放松后再躺回床上。

小贴士

如果宝宝睡眠问题需要医师的协助，家长最好先在家中做1~2周的“睡眠日记”，包括：每天什么时间上床、什么时间起床、白天睡眠次数、每次睡多久、每天总睡眠时间、睡眠中是否有任何异样等等，记录越完整，对医师的诊断越有帮助，也可节省父母多次往返医院的时间。

学龄前儿童好睡眠

1. 每天晚上进行完全相同的作息进程。
2. 睡前进行3～4个固定的活动。
3. 选择对你和宝宝来说能愉快进行的活动。
4. 不要让睡前活动在不同区域进行，例如：到楼上洗澡，然后到厨房吃点心、到客厅看影片、到父母房间听故事，最后到宝宝的房间亲吻道晚安。
5. 让宝宝就寝前的最后一个程序，成为一个特别的仪式。
6. 让睡前故事成为就寝前的固定程序。这不但与就寝习惯形成一种正面连结，而且对未来养成阅读习惯也很有帮助。

养成规律作息法

避免从事让神经亢奋的活动

晚上睡觉前，不应该让宝宝从事过于兴奋的活动，如看电视、跑跳或玩玩具等，尤其是电视的声光效果会刺激感官，让神经一直处于亢奋的状态。

减少宝宝房间周围环境噪音

注意住家周遭的环境声音是否过于嘈杂，家中的电视声、音乐（轻柔音乐除外）声，外面的车声或是大人说话声，都会影响宝宝的入睡，要尽量把环境噪音压到最低。

不要把玩具放在宝宝的床上

宝宝的睡眠环境应保持单纯舒适，不建议将玩具都放在宝宝的床上。必须让宝宝了解：玩乐有玩乐的地方，睡觉有睡觉的地方。如果宝宝总是在同一个地方进行睡觉和玩乐的活动，造成玩了就睡、睡醒就玩的情形，则较难养成宝宝准确的时间观念和区分个别环境差异的能力。

建立玩乐和睡觉的时间

如果家中的空间无法个别区分，建议可清楚地告诉宝宝玩乐和睡觉的时间观点：玩乐时就将玩具摆出来，该睡觉时就将所有的玩具都收起来。如此一来，宝宝的作息才可以规律正常地进行。

适度调整光线提高睡眠质量

室内的光线也是影响宝宝作息的一个重点，睡眠时的光线宜柔和且昏暗。父母不要为了随时观察宝宝，整天都亮着大灯，这也会影响大人的睡眠质量。因此，适当的光线变化才是对的方式。

按时起床好习惯

宝宝总是很难被叫醒而导致上课迟到，这是很多父母头痛的问题。这时，是要让他多睡一下，还是要用强硬的方式唤醒他？

也许很多父母都有用力打开门、打开灯然后大声呼叫的经验。建议父母可以用较少的语言、较多的肢体互动来帮助宝宝苏醒，例如：帮宝宝按摩背部、揉揉头，用轻柔的语言告诉他，现在几点几分，该起来咯，然后晚点再来叫他。甚至可以讲起床故事让宝宝的脑袋慢慢苏醒，而非在惊吓和强迫中唤宝宝起床。

当宝宝进步了，则应给予赞美。这种考虑到宝宝的生理状态和心理需求的方式，就是给宝宝需要的爱，也可让宝宝在愉悦的气氛中接受起床这件事，甚至渐渐地喜欢起床，并且自动自发想要准时上课。

培养宝宝独自睡

规律的生活流程

让宝宝知道什么时间就该做什么样的事，养成规律作息的好习惯，当睡眠时间一到，身体机能自然就会偏向入睡状态。

给予足够的安全感

有些爸爸妈妈会采取“假装”耳聋的方式，来面对宝宝独睡时的不安哭闹，以为只要他哭累了自然就会睡去，其实这是非常不好的做法。宝宝哭闹代表他有恐惧感，需要父母的安慰，若是此时没得到慰藉，会造成他心理的创伤。

父母可以循序渐进地帮助宝宝独立，当他害怕而哭闹的时候，可以过去看一下或是用声音响应他，让他知道父母在他附近，且在同一个空间里，他的恐惧感自然就会相对降低。

设计房间和摆设

可以在宝宝的床上头放置悬挂玩具，有固定声音且会规律旋转，重复固定的声音对宝宝的睡眠很有帮助。也可以在天花板贴上荧光图腾贴纸，让宝宝感觉有陪伴物，慢慢地建立他对空间的熟悉感。

训练独自玩耍的能力

平日在宝宝玩耍的时候，就不一定要随伺在侧，可慢慢增加他独自玩耍的时间，让他建立可以独立完成一件事或独自相处的能力。

给宝宝灌输时间观念

要让宝宝建立起对时间的概念，并不是一件简单的事，初期父母可使用一些现成的工具或玩具来协助进行。

钟表与时间

比如爸爸妈妈将闹钟拨5分钟，就是将表盘的长针从“1”拨到“5”，并带着宝宝从1数到5，让他对时间的数字真正理解。此外，爸爸妈妈还可购买类似钟表的玩具，拨弄表盘上的时针与分针，让宝宝先理解“整点”的概念，当宝宝完全能够认识整点之后，再逐步理解“半点”的概念，继而再学习理解“分钟”与“秒”。

日历与时间

要教着宝宝理解“昨天、今天、明天”的差别，可运用日历，指着上面的数字，让宝宝知道今天是几号、星期几，并以今天作基点，让他知道

往前一天是昨天，往后一天是明天，现在就是今天的含义。也可以在宝宝每天上幼儿园时，提示宝宝昨天是几号、星期几，那么今天、明天分别是几号、星期几，这样有利于宝宝不断加深对日期的理解。

小提示

刚刚开始学习的时候，宝宝一定会有说错的现象，爸爸妈妈一定不要直接否定宝宝或是流露出嘲笑的神情，应该循循善诱地说："再想一想？"或是给出两个答案让宝宝选择其一。

培养宝宝独立好习惯

培养独立穿戴好习惯

穿脱鞋子不用帮

一般在宝宝2岁半至3岁的时候，爸爸妈妈便可以逐渐培养宝宝独立穿戴的习惯了。因为两岁半的宝宝，大都能控制自己身体的平衡了，手和脚的动作也很灵活了。这是训练他

们自己穿鞋、脱鞋的比较好的时机，同时，穿鞋、脱鞋还有助于提升宝宝手、眼和整个身体协调能力的发展。

★操作要点：

带粘扣的鞋容易穿脱，是宝宝的首选。穿鞋前告诉宝宝如何区分左右脚：让宝宝将鞋子放在自己的前方、鞋的头部朝前，如果看到两只鞋合拢，中间有一个小洞表明是对的；如果没有这个小洞则说明放反了。

之后，给宝宝做出穿鞋的样子：将脚伸进鞋里，趾尖使劲儿朝前顶，待脚全部伸进去，再把后跟拉起来，将粘扣轻轻一按就好了。

刚开始学习时，宝宝左右不分是常有的事。遇到这种情况，不妨问宝宝："两只脚舒服吗？如果不舒服，把两只鞋调换一下试一试。"再让他体会一下两只脚的感受。经历几次之后，即使宝宝再穿反了鞋子，也会马上意识到可能是哪儿出了问题，并知道该如何解决。

亲手穿上小衣裳

看到妈妈给自己穿衣服，很多宝宝也跃跃欲试，这时妈妈不妨趁热打铁，边鼓励边耐心地协助他。

★操作要点：

学系扣子，是宝宝学穿衣的第一步。妈妈可以把上衣平铺在床上，将扣子和对应的扣眼指给宝宝看，告诉他如何将扣子穿到相应的扣眼中，把扣子的一半塞进扣孔，让宝宝把扣子从扣孔里拉出来；也可以和他玩帮娃娃扣纽扣的游戏。掌握了这个要领，就有了一半成功的把握。

最初可选择开襟式衣服给宝宝练习，让宝宝将一只手伸入袖中，再将另一只手伸入另一只袖中，然后自己扣上扣子。学穿套头的衣服时，要教宝宝分清衣服的前后、里外：领口高的部分是后面，领口低、有口袋的是前面；有缝衣线的是里面。穿时先把头钻进上面的“大洞”里，然后再把胳膊分别伸到两边的“小洞”里，把衣服拉下来就可以了。买衣服的时候要注意，宝宝的套头衫领口一定要宽松。

分清前后穿对小裤子

爸爸妈妈可以给宝宝和自己各准备一条松紧式裤腰的裤子，与宝宝一同做穿裤子练习。

★操作要点：

教宝宝学习穿裤子，首先应

从教会宝宝怎样分清裤子前与后、里与外开始。爸爸妈妈可以告诉宝宝一般裤腰上有标签的是后面，有漂亮图案的是前面。教宝宝把裤子前面朝上放在床上，把一条腿从大洞洞中伸到一条裤管里，把小脚丫从小洞洞里露出来，再把另一条腿也伸到大洞洞中，由另一条裤管的小洞洞里，把小脚丫露出来。然后站起来，提着裤腰将裤子拉到小屁屁之上，宝宝自己就胜利完成了穿裤子的任务了。

在学习的过程中，父母需要缓慢而详细地多次给宝宝示范，指导宝宝反复实践。当然也许宝宝前几次穿戴还不够整齐，爸爸妈妈要一边帮着整理，一边别忘记夸奖宝宝，鼓励宝宝继续加油练习。

逐渐练习穿脱有顺

当宝宝3～4岁或是准备上幼儿园的时候，爸爸妈妈可以逐渐培养宝宝有序穿脱衣服的好习惯。

宝宝学会自己熟练地穿、脱衣服鞋袜后，家人就可以逐步训练他们在这项操作中遵循一定的次序，便于宝宝从小养成秩序感，更有条理地处理自己的事情。

★操作要点：

睡觉前，妈妈提醒宝宝把衣服由外而内一件件地脱下，最先脱下来的外衣放下面，后脱下的内衣放上面；睡醒后按次序穿上——先穿上面的内衣，再穿下面的外衣。这项练习最好从夏天转入秋天时开始，因为那时穿的衣服少，比较好操作；等到冬天穿的衣服多了，宝宝也大致掌握技巧了。

因为宝宝之间存在个体差异，对于自理能力的各方面，不能简单地要求所有宝宝步调一致。所以妈妈们不必拿宝宝的这些事情来互相比较。而当宝宝在某方面“落后”时，妈妈也不必灰心丧气，因为这种“落后”可能只是暂时的。

鼓励宝宝独立动手

从宝宝最有兴趣、最容易完成的事务开始

有些宝宝会对父母做家事很有兴趣，但是父母往往嫌麻烦不愿意让宝宝参与。其实，父母亲应该把握机会让宝宝参与，无论折衣、收拾、扫地、清洗、捡菜等工作，都可以适度让宝宝参与噢！

享受过程乐趣，不直接要求成果

父母既然愿意让宝宝参与，就要更进一步耐心地与宝宝一边做、一边分享过程的乐趣。例如：折衣时的分类或配对也可以变成智力游戏，收拾也可以像竞赛，拖地扫地加上音乐

可能变成肢体律动，清洗加上玩泡泡会更有趣，捡菜顺便玩过家家等，都可以让宝宝的参与过程，变成有趣的亲子互动！

协助宝宝分解工作步骤

培养宝宝自己动手做的过程中，难免会遇到学习瓶颈或挫折，把工作分解成5~10个步骤，慢慢地一次完成一个步骤，可以给宝宝信心。别忘了，当宝宝们发出“我不会”的讯号时，正是运用分解技巧，来协助宝宝克服困难的最佳契机。

允许宝宝有停滞或依赖的空间

宝宝的工作能力自然无法达到成人的标准，父母在宝宝做得不好或不想做的时候，要有包容心，不要苛求，态度要和缓。例如：宝宝情绪不佳时，可以请他先暂停工作；做不好或做不完的时候，可以贴心地跟宝宝一起收尾。但是，父母代劳后一定要记得跟宝宝讨论不想做的原因，并调整下次再尝试的心情！

认同宝宝创新的方法

有些工作的步骤或方式并无一定的规则，父母有自己的习惯，但是宝宝不见得要跟父母的方式一样，例如：水饺、馄饨的包法，餐具的摆法，衣服的搭配等，宝宝都可以有自己的创意。认同宝宝的点子，会给生活增添更多的乐趣噢！

亲子经常讨论

民主要落实在生活中，经常讨论家中有哪些活动需要分工，引导宝宝主动认领工作。例如：要出游前，可以先讨论要带什么东西，然后让宝宝负责一部分的工作；上菜市场采购前，先讨论采购的清单及路线……

小提示

如果宝宝已经养成依赖性，父母亲就要更有智慧和耐心，从上述的策略中找到跟宝宝互动的启动之钥。培养一个喜欢自己动手做的宝宝，是追求幸福快乐人生的起步噢！

培养宝宝居家好习惯

轻松如厕好习惯

训练小宝宝逐渐习惯使用座便器，爸爸妈妈可以分步示

范，初期可以在宝宝如厕的卫生间里贴些宝宝喜欢的卡通小粘贴，装饰墙面或是马桶盖，给宝宝创造轻松愉快的如厕心情，然后带着宝宝一步步“实施”如厕步骤。

坐下来

带着宝宝到马桶边，介绍马桶周边的所有构造。

小心扶宝宝踩上防滑小板凳，让宝宝转身面向大人，脱下裤子后，两手扶住两侧坐垫缓缓坐下。

小女生在上厕所前，要先把圆形的马桶坐垫放下来。男宝宝尿尿时，要站上马桶前面的防滑小板凳，掀起坐垫才能尿；若要便便，则把坐垫放下后才能坐。

开始啦

告诉宝贝：“可以开始尿咯，要听到声音才算噢！”轻声安抚宝宝慢慢来没有关系。若听到声音，可以大方鼓励：“哇！好棒噢，我们家宝贝长大咯！”以此增进宝宝的兴趣与信心。

若过了5分钟，宝宝还是解不出大小便，这时家长不要灰心，更别刻意勉强，耐心地安抚宝宝，并带其离开，下一次再试试。

只要宝宝在想尿尿、便便时会明确告诉大人“我想去厕所”，且能流畅地完成所有如厕步骤，同时超过一周以上的时间都不再出现大小便解在裤子上的窘状，这时爸爸妈妈就能大声宣告：“如厕训练已经迈向成功咯！”

擦一擦

宝宝解完大小便后，家长这时可以教育宝宝抽取适量卫生纸，对折2次后，由前往后擦拭屁股，用完的卫生纸丢入垃圾桶。

在学擦屁股初期，爸爸妈妈可以“示范”形式，先替宝宝擦；等宝宝懂了，就可以视情况放手让宝宝自己来了！

穿裤子

当宝宝起身站稳后，再要求宝宝把裤子穿起来。也可以让宝宝牵着大人的手，或是手扶墙壁走下防滑板凳，然后松开父母的手，自己双手提起裤子。还可以让宝宝自己照照镜子，看看是否提得整整齐齐。

冲一冲

尿尿或便便后，要教育宝宝按下马桶旁的冲水按钮，让洁净的水冲走便便，才不会有臭臭的味道。有时水声过大，要提前提醒宝宝当心，不要吓着宝宝。

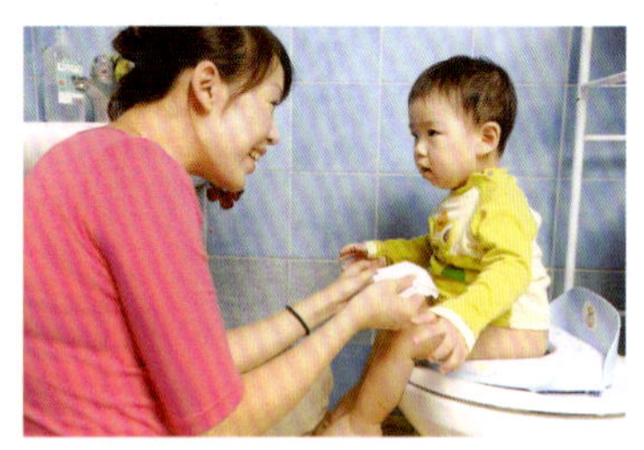

洗洗手

最后，爸爸妈妈可以把原先辅助如厕的防滑板凳移至洗手台下，教育宝宝站上洗手台洗手。最好爸爸妈妈替宝宝挽起衣袖，辅助宝宝打开水龙头，用香皂或洗手液洗洗小手，之后关好水龙头，走下洗手台，用毛巾把小手擦干。干冷季节记得提醒宝宝涂抹护手霜。这样才算完成宝宝如厕的所有步骤。

小贴士

教导宝宝开水龙头洗手时，要明确告诉宝宝冷热水的方向，以免烫伤；并提醒宝宝水龙头要轻轻开启，以免水花四溅、弄湿衣服。

看电视也有好习惯

让宝宝看电视，其实不是只有“要”或“不要”的绝对答案。可以利用电视来协助宝宝学习，而不让其控制宝宝，尤其别让看电视成为宝宝或大人唯一的休闲活动。

控制看电视的时间

1~2岁的宝宝一次看电视的时间最好不要超过30分钟，

3~6岁的宝宝连续看电视不宜超过1小时。建议父母还是多利用闲暇时光，带宝宝多阅读、多游戏，或到户外去多接触大自然、多运动。

儿童节目也要选择看

父母千万不要以为儿童节目就是最安全的选择，尤其现代的儿童节目内容五花八门，还有引进自国外的动漫卡通等，内容中常掺杂性语的暗示、对两性观念的错误印象或过度的暴力倾向等，易养成宝宝错误的观念及行为。所以，父母仍需注意宝宝节目的内容为何。

选择丰富的优质节目

研究显示，宝宝常观看单一频道和节目类型，会缺乏从电视中获取其他信息的可能。因此，父母与宝宝共同观看电视时，应建议宝宝多欣赏不同类型的优质节目且提供多样化的选择。

注意姿势与距离

宝宝看电视的姿势及距离都会影响宝宝的身体健康。比如有的宝宝长期坐在电视机同一侧的位置，头部扭向屏幕，容易造成斜视。或是宝宝经常被电视节目的内容所吸引，距离电视太近，会造成眼睛的近视，建议座位应该离电视机1米以上。此外，提醒父母们，宝宝的习惯几乎是模仿父母行为而来的，所以当爸爸妈妈都身体力行以上的建议后，宝宝也会养成正确的看电视习惯。

多沟通多交流

爸爸妈妈不要以为让宝宝独自一人看电视，是一件既可以让父母很省心、宝宝又可以学习很多知识的好事情。其实长时间让宝宝独自面对电视内容，会阻碍宝宝与家人的正常沟通与交流，有个别低龄宝宝由“不与”家人交流发展到“不会”与家人交流的自闭状态。所以，父母最好挤出时间选一些适合宝宝的电视节目，陪同宝宝一起看电视，不时沟通感受和看法，增进与宝宝的感情交流，这才是一举两得的亲子互动好办法呢。

小提示

在电视这么普及的今天，电视节目也是丰富多彩，完全强制宝宝不看电视的做法不可取。只要父母能够正确引导宝宝养成良好的习惯，电视也是宝宝学习知识、提高能力的好工具之一。

宝宝爱上洗刷刷

宝宝爱护牙齿的好习惯，要由爸爸妈妈反反复复耐心示范、引导开始。

精心的前期准备

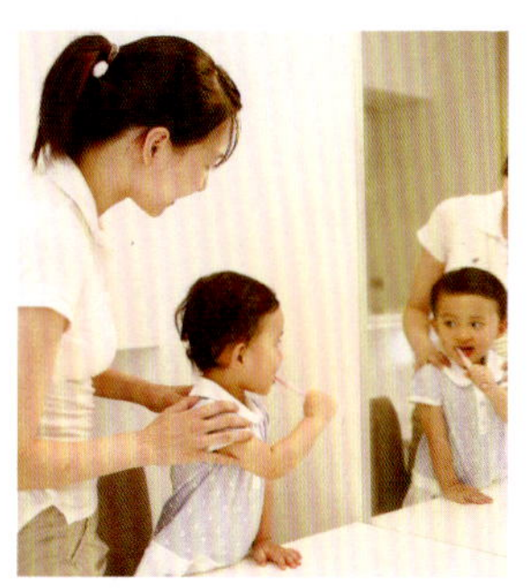

帮着宝宝建立一个好习惯，首先要引起宝宝足够的兴趣。比如带着宝宝一同到卖场选一款宝宝喜欢的小水杯和小牙刷，再到货架上让宝宝选一支自己满意的儿童牙膏，不妨告诉他这款牙膏的味道是某某水果味，引起宝宝的好奇心。

正确的刷牙步骤

爸爸妈妈给宝宝和自己同时倒好刷牙水、挤好牙膏，一步一步手把手带着宝宝一起做。

1 家长可以将牙刷以45度角的斜度向着牙龈，示范给宝宝看看，然后让宝宝亲自试一下。

2 从右上牙齿的外侧开始，每次刷2~3颗牙，轻轻来回震动10次左右，之后再继续往左边移动2~3颗牙，重复刚刚的动作。

3 上颚外侧的牙齿刷完后，再绕到上颚内侧的牙齿刷回来。

4 上颚的牙齿刷完后就开始刷下颚的外侧与内侧牙齿。

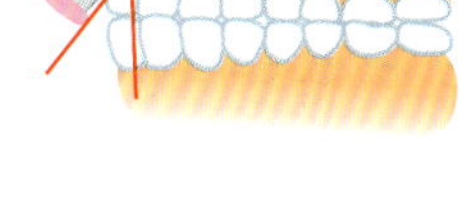

5 最后刷牙齿的咬合面，此时要将刷毛深入臼齿的凹槽中彻底清洁。

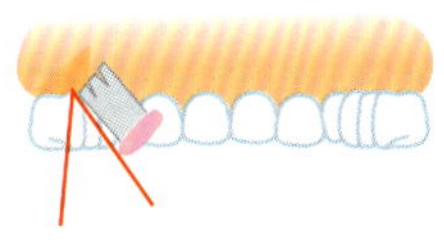

6 若使用牙膏，刷完要将牙膏漱干净，顺便洗洗小杯子。

愉快的赞许

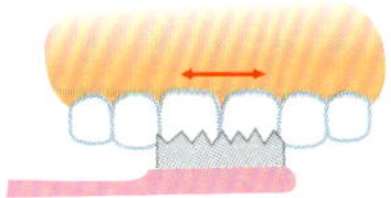

所有的步骤完成后，爸爸妈妈不要忘记一定要表扬一下宝宝，虽然宝宝可能做得还很不到位，但是家长的表扬，会增加宝宝坚持下去的信心。比如夸他很勇敢，“牙膏的薄荷味有些辣辣的，宝宝真勇敢，一点也不怕！”或是带宝宝照照镜子，“快来看一看，你的牙牙真的又白又亮了！”

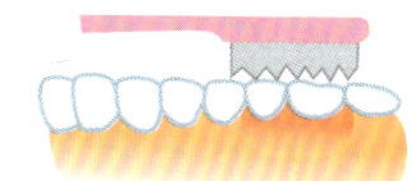

小贴士

给宝宝示范刷牙要掌握“轻”、“柔”、“反复”三个原则，即刷牙的动作要轻、刷牙的力量要柔，要有足够的耐心要反复多教几次。

帮助宝宝摆脱不良小习惯

训练宝宝脱离奶瓶

对于习惯了奶瓶的宝宝来说，一下子改用杯子喝水，真是一件不容易的事情，尤其是因常常洒水，宝宝会对水杯产生厌烦感，那么，应该怎样帮助宝宝自己用杯子喝水呢？请爸爸妈妈从下面几点开始对宝宝的训练吧。

挑选不易摔破的塑胶杯

为了避免因宝宝的专注力或是手掌的抓握力不足而摔破杯子，建议家长准备一个不易摔破、轻巧好拿的塑胶杯（或软质的喝水训练杯），帮助宝宝多次学习。

练习方式：少量多次

宝宝刚开始练习时，家长可以在杯内倒入少量的水，让宝宝自己拿着杯子，妈妈的手则可以稍微帮宝宝将杯子向上抬高，帮助宝宝学习用杯子喝水的姿势。同时，家长也要注意不要太心急而让宝宝不小心呛到，如此一来，反而会加深宝宝用杯子喝水的恐惧感。

从宽口、深度浅的杯子开始练习

建议家长可以先挑选宽口径、深度较浅的杯子，让宝宝开始做练习。您也可以挑选附有双把手的学习杯，以帮助宝宝轻松地稳固水杯。

随时给予耐心和鼓励

当宝宝开始愿意学习用杯子喝水时，家长别忘了要立即给予鼓励！譬如说：“哇，你好棒噢！宝贝自己喝得好棒哦！”这样可增强宝宝的学习意愿，也能强化宝宝的信心！

小提示

假使在训练的过程中，宝宝不慎将水杯翻倒或是将水滴落下来，家长也不要急着大声斥责，而可以借此机会告诉宝宝：“衣服湿了怎么办呢？我们可以拿面纸擦干哦！”如此一来，还可以训练宝宝养成良好的卫生习惯呢！

戒掉不良吸吮习惯

宝宝喜欢吸奶嘴、手指的行为原因很多，家长若是任其发展，可能会变成难以戒除的习惯，但父母只要有足够的时间与耐心，就能通过正确、有效的方

式，帮助宝宝脱离恶习。

跟宝宝沟通

1岁以下宝宝想要吸吮手指是很正常的，父母应该用宝宝听得懂的方式，教导宝宝吃手不好，手上有很多病菌。将所有可能发生的不好后果告诉他，比如：吃到细菌就会生病，到时就要打针吃药等。相信通过一次次的诱导，宝宝也会愿意克制吃手的欲望，并渐渐改掉吃手的习惯。

善用替代品

让宝宝吃米果、磨牙饼干，甚至是洗净的蔬菜，或是使用磨牙器，皆可以减轻宝宝长牙的不适感，也能让口腔获得满足，自然就不会想要吸吮手指头了。针对较小的宝宝，戴手套也是很好的方法。要注意的是，无论是使用磨牙器还是手套等，前提是一定要干净，基本上每天都要清洗、消毒一次，若掉到地上弄脏，也要洗干净后再给宝宝使用。

随着宝宝逐渐成长，1岁左右，父母开始添加母乳及瓶装乳之外的辅食时，就可以利用此机会逐步将奶瓶以吸管、杯子、汤匙等其他物品取代。例如：先将饮品装在

鸭嘴杯中，再渐进更换成普通杯子。教宝宝利用吸管吸取杯子内部的水，或以碗及汤匙喂食部分辅食。让宝宝渐渐习惯其他喂食方式，不再以奶瓶为主，减少宝宝接触奶嘴的时间。

转移注意力

当宝宝把奶嘴和小手往嘴巴里塞时，父母可以利用说话、读故事书、唱歌等方式转移宝宝的注意力。在活动过程中不经意将宝宝的奶嘴及小手抽离，可减低宝宝因为吸吮动作被制止而产生的抵抗行为；也可以让宝宝的两只手同时抓着他喜欢的东西，如牙饼或玩偶。

用鼓励取代责罚

父母在帮助宝宝戒除吸吮奶嘴和小手的过程中，切记不可使用责备或处罚的方式，而应以鼓励为基础，以免增加亲子间的冲突，造成宝宝严重的反抗行为与不安情绪。

若你发现宝宝开始吸奶嘴或手指时，可以利用其他有趣的事物先转移宝宝的注意力，无意中将奶嘴或手指抽离宝宝的嘴巴后，再称赞宝宝不吸吮奶嘴及手指的良好表现，告诉宝宝：“不吸奶嘴的宝贝看起来更可爱了！”“我就知道宝宝可以做到不吸奶嘴和手指，你真是爸妈的骄傲。”

让宝宝知道只要他不做这些行为，父母会十分高兴并夸奖他，宝宝就可以从父母的赞美中获得愉悦感，增加宝宝戒除不良吸吮习惯的动力。

借助同龄人的力量

宝宝长大后开始和其他小朋友有更多接触的机会，可能是自己的兄弟姐妹或邻居的宝宝，也可能进入托儿所、幼儿园等地方，宝宝的人际关系在此时逐渐发展。

父母可利用宝宝身边的兄弟姐妹及同伴，让宝宝看见自己和身边人的不同之处，发现其他人不喜欢成天吸奶嘴、手指。

此时父母再从旁开导，告诉宝宝："你看，其他人也没有这样，你长大了就不应该再有这些动作。""我们不可以再吸奶嘴、手指了，因为长大了就要当弟弟、妹妹们的好榜样噢!"

把握好时机

宝宝感冒时，通常伴随着鼻塞的症状，这时宝宝就只能用嘴巴进行呼吸，而没有办法一直吸吮奶嘴或手指，父母可以顺势利用这个机会，配合宝宝本身减少的吸吮时间，给宝宝更多的关怀与照顾，减轻宝宝的不安，并搭配上述各种方法，耐心帮宝宝戒除不良吸吮习惯。

行为问题要靠行为矫正

一开始就用太激进的手段逼迫宝宝改掉吸吮习惯，是不可

能也不合理的。有些家长会在宝宝手上涂辣椒，或是打手，如此可能激起宝宝的反抗心理，造成亲子间的关系紧张，而且也无法保证这种方法一定有效，通常还是要从行为问题的根源去改变。

满足宝宝身心需求

当宝宝在生理或情感上没有获得满足时，比如说饿了、尿湿了，或是寂寞等，可能会借由吸吮寻求慰藉。此外，有些家长习惯在宝宝哭闹时，就把安抚奶嘴往他嘴里塞，如此可能会使宝宝养成依赖奶嘴的习惯，因此并不建议这样的做法。

宝宝并不是随时都想吸吮手指或奶嘴，通常是在无聊、缺乏安全感或是想睡觉时才特别有这种需求。照顾者平时应该多关心、注意宝宝的需求，适时给予满足，宝宝才不会一直想要吸吮，进而转变成一种难以戒除的习惯。

渐进式戒瘾

想要彻底戒掉吃手或吃奶嘴的习惯，绝不可能在1~2天内就做到。而且视个别依赖与执着程度，每个宝宝所需的时间也不太一样。

在宝宝6~12个月时，如果出现吃手或吸吮的行为，除非

太严重，否则家长不需要特别制止他，因为这时候宝宝尚处在口腔期，要求他完全不吸吮是不可能的。

当宝宝1岁至1岁半时，就可以开始慢慢引导宝宝戒除吸吮习惯，比如说吃手改成吃奶嘴，之后再鼓励宝宝使用吸管、杯子，最后把奶嘴都戒掉，宝宝就能一步一步脱离口腔期。

适度提醒及约束

假如试过上述的方法都没有效果，可能就要考虑最后的手段——威吓、惩罚方式（当然一定要适度）。比如，可找宝宝最信服的成人来约束他吃手的癖好，如幼儿园或学校的老师；或是讲明手上的细菌情况，让宝宝心生畏惧；或是给予温和的惩罚等等。当然在宝宝表现好的时候，也要不吝给予夸奖或奖赏。

小贴士

父母一定要有耐心并反复进行一些动作训练。宝宝若能找到比吸吮奶嘴和手指更有乐趣的事，自然会减轻对奶嘴和手指的吸吮欲望。

帮宝宝戒掉安抚物

宝宝大都有过对物品“情有独钟”的经历，然而有的宝宝可发展到寸步不离的状态，就是过度依附安抚物了。这时细心的爸爸妈妈就要留意逐步帮宝宝加以改善或是戒掉不当的安抚物。

假装找不到了

家长可把安抚物藏起来，不用特意去提醒宝宝安抚物不在了这个事实，观察宝宝的反应。若他问起，就语音温和地回答："拿去洗了。""咦，不见了吗？到哪去了呢？"如果宝宝的反应是没有很伤心，或是只叨念几天就抛在脑后，嘿嘿，让它顺其自然消失的目的就达到了！若宝宝呈现很焦虑，或是一直想找，那代表戒掉的时机可能还没有到。

转移注意力

家长不要很执着地强行把安抚物换掉，如果直接从宝宝手中把东西抢走，反而会让他产生更加强烈的需要感，可能更加坚持己见噢！家长应该多方面拓展宝宝的兴趣，像给宝宝其他玩具、讲故事给他听、跟他玩游戏等，让他自然而然地忘掉、放弃安抚物。

移花接木、偷天换日

例如，有的宝宝喜欢电池，家长不免担心："如果不小心吞下可就糟了！"像这类容易吞入、有毒的危险物品，都不应该让幼小的宝宝拿来当作安抚物，建议可以寻找类似材质的东西替换。如果宝宝真的喜欢电池，可能代表他喜欢冰凉的材质，家长可以帮宝宝换类似触感的东西代替电池。

宝宝过度依恋安抚物的行为，除了可能是心理问题外，也可能跟主要照顾者陪伴不够有关系，因为宝宝会将安抚物视为照顾者的"象征"。提醒家长们，除了尽量给宝宝安全、卫生的玩具之外，抽空陪伴宝宝才是最重要的！

彻底脱离纸尿裤

独立成长的过程向来因人而异，要让小宝宝迈向有行为自主能力的大宝宝，彻底脱离"纸尿裤宝宝"的名称，并且解除小朋友父母最头痛的"尿床"困扰，家长除了对宝宝寄予最大的包

容、耐心与爱心，还要以鼓励取代责骂，以关怀代替嘲笑。父母建立正向态度，才能使“尿床宝宝”成功踏出摆脱尿床的第一步！

正确的生活习惯

爸爸妈妈要帮助宝宝养成如下正确的生活习惯：

在宝宝可以独立坐姿的时候，家人就开始定时把尿，给宝宝养成定时排尿的习惯。部分宝宝在一岁左右完全可以提前自主要求排尿，家长不必担心来不及而再给宝宝穿开裆裤。

傍晚和夜间减少宝宝饮用含咖啡因、具利尿效果（如咖啡、可乐、浓茶）的饮料。

在睡前1~2小时不再给宝宝大量喝水。

不管宝宝有无尿意，均在睡前提醒并鼓励宝宝小便一次，将膀胱排空。

试写“尿尿日记”

如果宝宝尿尿的频率过高，每次尿量又只有一点点，加上尿床等问题，爸爸妈妈可写“尿尿日记”，详细记录每次排尿的时间及尿量，让医师掌握宝宝真实的排尿情形与规律，矫正宝宝错误的排尿习惯，帮助宝宝早日脱离纸尿裤。

进行膀胱训练

所谓“膀胱训练”，是一项控制膀胱贮存尿液的训练模式。白天当宝宝有尿意时，可先请他稍微忍尿不解（但绝不能过久），尽量将两次小便的间隔时间延长那么一点点，目的在于增加宝宝膀胱容积。幼童的膀胱训练非短期内可以完成，效果也因人而异，父母不应急于求成，务必要循序渐进，否则会对宝宝膀胱造成机能损伤。

小提示

要让宝贝彻底脱离纸尿裤，不受尿床的侵扰，没有绝对的特效药，提醒父母千万别着急，耐心配合医生进行适当的药物及行为治疗，才能帮助宝贝当个“自在解尿”的健康宝宝。

PART 2

第2章

品格行为好习惯

宝宝的好能力与好习惯

爸爸妈妈先做起

爸爸妈妈无一不想自己的宝宝拥有健全良好的品格行为，但是也不要忘记宝宝点滴的好习惯，都与父母的一言一行分不开呢。

以身作则

每个家长皆希望自己的宝宝能拥有正确的道德观念、彬彬有礼的举止与高贵的道德情操，但反观自己，是否达到了这些标准呢？宝宝的行为就像一面镜子，反映出父母的教养观念与人生信仰，因此父母应先做宝宝的榜样，因为父母亲的身教、言教就是最好的示范。

爱中成长

一般中国人皆不善于对亲人表达关怀、体贴，建议家长平

时可通过具体且适当的肢体动作和语言，向宝宝传达关心。一味地用权威来管教宝宝，反而不利亲子关系，只会造成双方的对峙与紧张。亲子关系应是亲密和谐的，亲子之间要时常互相沟通，彼此尊重、关怀。

建议父母以鼓励的话语取代批评、指责宝宝的话语，并顺应宝宝的性情与每个阶段的发展，来调整教养方式。

父母体贴、尊重宝宝，发掘并重视他的特质与优点，时常地赞美他，让宝宝在充满爱与陪伴的环境中长大，自然能建立其健康的自我概念，并养成关怀他人的态度。

善用故事

家长从宝宝小时候就念故事给他听，不但可增进亲子关系，也可通过有意义的绘本故事，给宝宝灌输正确的观念。

父母与其说教，不如利用故事、绘本，把想传递给宝宝的道德观念用好玩、有趣的方式说给他听，针对比较大的宝宝，更可跟他一起讨论故事中不同角色的不同立场和观点，让宝宝有思考、处理道德问题的机会。

延伸阅读

市面上有许多关于品格教育的图书，推荐以下书籍，供您作为参考。

青岛出版社

《爱的教育》

《父母一定要为宝宝做的50件事》

《挫折教育——宝宝成长不可或缺的爱》

父母的语言对孩子的影响

在信息发达的今天，电视节目、电脑、电动玩具等虽使得孩子的认知能力增强，但是父母与孩子相处时间却相对减少，也让孩子说话的机会变少，宝宝的表达及沟通能力并没有随之进步。

语言在宝贝成长中扮演重要角色

父母对孩子的口语和肢体语言表达，对于幼儿的语言发展及信任感建立相当重要。话很少或和孩子肢体接触很少的父母，他们的宝宝的话也少，常常安静地坐在一旁，不主动接近大人或探索新事物。这样的孩子从爸妈的表现里解读到的是：自己不是被爱的。因为孩子是通过家人的言语、表情和肢体动作来感受和定义自己，这样的父母让孩子产生的信任感也很低，长大后表达自己的想法可能会有困难，甚至不知如何处理自己的情绪。

父母和宝宝的沟通练习题

父母或照顾者应利用生活中的互动，来增强宝宝的语言能力，增加宝宝的沟通经验。在沟通中，宝宝可以学习延缓等待、倾听，并学习听懂话中的意思，然后用正确的语言响应别人的问话。父母也能够揣摩孩子想表达的意思，学习如何与孩子互动。沉默或话多虽然会对宝宝造成不同影响，但是“说什么”更是重要，对于常不知要对孩子说什么或说错话的父母，给予下列建议：

1.父母要先自我了解，什么原因造成自己和孩子的互动少，是没有机会？还是不想和孩子多说一些话？

2.尝试了解孩子的行为背后想表达的是什么，这样父母就可以帮助孩子说出他的语言，练习如何和孩子互动。

3.父母也要在自己无法满足孩子需要的时候能够自我接纳。

4.注意夫妻间的沟通及情绪表达方式，因为孩子就是从模仿父母中学习到如何解决冲突、建立亲密感和表达情绪的。

5.停下来和孩子说说话，听听孩子的意见和想法，主动和孩子一起度过有质量的时间。其实，耐心地把所有的注意力放在宝贝的身上，即可展开一场丰富又有趣的语言游戏。

练习题1

妈妈带着下班后的疲倦和孩子一起坐公交车，宝宝问了许多问题，妈妈都没有回答，宝宝对妈妈说："我不理你了！"但是过一阵子又继续问同样的问题。如果您是这位妈妈，应该怎么办呢?

【专家的话】宝宝在开始会说话之后，常常一直想要说话，这个阶段的孩子往往以自我为中心，非常需要被关注。当家长真的很辛苦时，也要学习接纳自己，了解自己是有情绪的，没办法每时每刻都满足孩子的需求。有时可以很真实地告诉孩子："妈妈现在很累，等一下回家吃完晚饭后，妈妈再好好听你说，好吗?"这样一来，家长就不会掉进罪恶感和不耐烦的情绪中，也让孩子学习体谅和等待。

练习题2

妈妈有两个孩子，大宝贝刚满两岁，很喜欢说话，但小宝贝刚满月，还需要无时无刻的照顾，实在分身乏术。当大宝贝一直要和妈妈说话时，该怎么办呢?

【专家的话】建议妈妈千万不要蜡烛两头烧地敷衍，与其一边喂奶，一边和另一个孩子说话，但都不是很真诚，不如先告诉孩子你必须先做一件事，然后再找一个时间完全地陪伴需要被关注的孩子，甚至不要等孩子来找你，可以主动告诉他："妈妈现在很想跟你玩，也很想听你说话。"

练习题3

妈妈常常一开口就告诉宝宝不要做这个或不要碰那个，宝宝感觉有许多限制，但妈妈觉得是善意的，并不是真的要限制孩子。妈妈很纳闷，为什么会这样呢？

【专家的话】妈妈可以想一想为什么自己传达出来的讯息，和孩子收到的不同，造成的教育效果也和想象中的不一样。

可以试问自己心中是否有一些焦虑？想一想这些担心从哪里来？事实真的是这样吗？或者只是因为没有其他的管教方式，所以直接用简短的语言表达出来。妈妈如果能通过和孩子的互动自我觉察，自己会有所成长，孩子也会跟着成长。

练习题4

宝宝一直不吃饭，妈妈说：“你不吃饭让我觉得很累，也带给我很多的麻烦。”这样的表达适当吗？

【专家的话】妈妈的确可以告诉孩子自己的感受和需求，但表达的态度很重要，也要了解孩子接收到的是什么，怎样让孩子感觉到不是他不好，妈妈只是就事论事。

此外，妈妈除了表达自己的需求，也要思考孩子的需求，也许是饭菜不合胃口，或用餐时间不对等等，真正达到沟通的目的。

教宝宝知道对错

什么样的爱，能呼应宝宝所需？什么样的爱，能恰到好处？爸爸妈妈掌握以下三原则，对症下药，可避免养出“过宠儿”。

评估！养育目的

当沉浸于新生命降临的喜悦之余，爸爸妈妈们必须深刻意识到，宝贝的健康成长，必须生理、心理同步并进。在为宝宝确定教养规范之前，父母们得先认真思索并相互讨论：我们期望教育出什么样的宝宝？通过夫妻双方凝聚共识，找出有利于宝宝健康、快乐成长的目标，培养出会使宝宝未来人生美好顺利的品性。

规矩！前后统一

没有借口，错就是错！以实际辅导经验为例，不少宝宝都有上学忘记带课本而要妈妈送书的经验。长此以往，宝宝会无法养成对自己负责的习惯，反倒恃宠而骄。家长要告诉宝宝：忘记就是忘记，不该破戒让宝宝养成“反正忘了带书，妈妈会帮我带”的侥幸心态。

身教！长期陪伴

爸妈的一言一行将对宝宝留下长久的影响，因此爸妈应当以身示范期待的行为与态度并通过大量陪伴宝宝的时间，针对他的需要，提供各式各样的生活情境，引导宝宝内化行为的准则。

小提示

爸爸妈妈们面对宝宝无理取闹的态度，千万不可有“他还小，长大就会好”的错误观念。想不养出“过宠儿”，得先检视自己是否已有“为人父母”的正确认知，不放大自己对宝宝的罪恶感，勿以为替宝宝做得多就是爱宝宝。

独立勇敢的好宝宝

教养宝宝并没有一套固定的模式可供参考，因为每个宝宝的特质都不同，适合A宝宝的不见得适合B宝宝。以下即借由6个具体情境，针对爸爸妈妈何时该对宝宝放手、何时该给宝宝提供协助、如何从点滴小事中培养宝宝的独立与勇敢，提供给家长一些经验共同分享。

宝宝遭玩伴取笑

培养宝宝独立的方法

＊作为家长遇到这种情形，首先应聆听宝宝陈述感受或事情的经过，给他一个温暖的拥抱和安慰，让宝宝感到有家人的支持，不感到孤立无助。

＊当宝宝出现哭泣、退缩或愤怒反应时，爸爸妈妈应适时介入，站在宝宝的角度看问题，以同理心帮助其调适、平复

情绪。

*当宝宝情绪稳定后，以温和的口气与他沟通，帮他分析事情的缘由或过程，并引导他想出下次遇到这种问题时的正确应对方法。

阻碍宝宝独立的行为

*有时，由于是在宝宝与小朋友玩耍时突然发生的情景，往往有的家长看到自己的宝宝因被小朋友取笑而受很大委屈时，就急着帮宝宝讨回公道，忿忿不平地跑去找小朋友或与对方家长理论或算账。

*有的父母觉得宝宝被别人取笑后的哭泣是懦弱行为，让自己和家人很没面子，就大声呵斥宝宝，不允许宝宝哭泣或立即制止宝宝的愤怒情绪。

*也有的家长觉得自家宝宝性格柔弱，因此鼓励宝宝今后用以牙还牙的方式去报复对方，这样当大人不在身边时，即便再有此类事情发生也不会受取笑与委屈。

小贴士

阻碍宝宝独立面对的做法很不可取，这无疑是父母用一种简单、粗暴的方法替宝宝解决了一时的问题，然而宝宝仍不晓得今后的正确做法是什么样。并且往往宝宝的性格就是在年幼时耳闻目睹父母的一些行为方式而逐渐形成的。

当宝宝遭遇挫败时

培养宝宝独立的办法

*当宝宝遇到很大的挫败时，恰恰是家长给宝宝教导正确的价值观、人生观的好时机。引导宝宝形成正确的输赢观念——人生不可能一帆风顺，大大小小的事件无一不是有平坦的、有曲折的，努力不代表一定会成功，但不努力一定会失败。

*目前宝宝大都多才多艺，琴棋书画样样精通，参加各类比赛、演出、考级的机会也很多，当宝宝对这些结果比较失望或耿耿于怀时，家长应用宝宝能够接受的方式，比如以身边实例或宝宝喜欢的偶像、这一领域的成功者等的实例给宝宝举例说明，成功的路上总是与无数次“失败”相伴，教导他以平常心看待输赢，并肯定他已经为此所做的努力。

*当宝宝想继续努力或表示不放弃时，爸爸妈妈应表示赞许，给予及时的鼓励，比如一个拥抱或是拍拍宝宝肩膀，辅以语言的认同。同时，跟他一起讨论如何改进，提供适当建议。

阻碍宝宝独立的行为

*爸妈一味为了自己的面子，或是出于潜意识的攀比心理，要求宝宝也争强好胜，比如跟宝宝说：“下次你一定要赢回来！”

*当宝宝考得差或比赛输了、演出失误了，就骂他笨、不努力才会这样等一些批评的话，不顾及宝宝的心情妄加指责。

宝宝没被选入比赛

培养宝宝独立的办法

*有时宝宝参加比赛会经历多次筛选，即便在比赛进行过程中，也难免会有被淘汰的时候。

比如：层层闯关，却没有取得进入决赛的资格时，家长应告诉宝宝这次尽力了，下次仍有参加和表现的机会，不要太难过。

*再比如，在学校班级中也会有各种参赛的机会，若宝宝很想参加却没被老师或同学们提名选进比赛，可以教他自己主动去与老师和同学们沟通，鼓励宝宝争取机会参加。

阻碍宝宝独立的行为

*当宝宝没有获得参赛资格时，不分缘由，找老师兴师问罪："为何我的宝宝没有被选进比赛？"

*对于一些比赛的意外结果，比如与宝宝相同能力的小朋友比赛名次超出宝宝很多，家长无端质疑比赛的公平性，而不是协助宝宝从自身找原因再接再厉。

*将父母自己的期望强加在宝宝身上，看到别的孩子能歌善舞，就硬性要求自己的宝宝学习多项才艺，而不管他喜不喜欢，更不经论证自己的孩子的潜能方向。

目前社会的竞争压力日益加剧，父母要在宝宝小时候就给其树立良好的心态，平和面对比赛结果，以积极的行为化解失败带来的负面情绪，锻炼他性格中坚毅的一面，以备将来他能够从容面对更多的生活、工作压力。

手足之间起冲突

培养宝宝独立的办法

＊对于不是独生子女的宝宝，父母应将“孩子之间的纠纷”视为良好的教育机会。引导他理解“大让小”的道理，树立一种给弟弟妹妹作表率的自豪感，请他帮忙照顾弟弟妹妹，并对其表现给予鼓励和肯定。

＊父母应尊重每个宝宝的性格与行为差异，并尽量公平地对待他们，不偏不向。无论是谁、不分大小，只要做得优秀就表扬，犯了错误就及时纠正。

阻碍宝宝独立的行为

＊当手足之间有“纷争”时，家长不由分说，不问明缘由，就要求老大一定要让着弟弟妹妹，哪怕是弟弟妹妹不懂

事的“无礼”要求。

*有时父母对待每个子女的标准不一致，尤其是“赏罚不分明”。比如：哥哥做错了会被惩罚；弟弟小，做错了却没事，又不需解释原因。

当宝宝年龄差异不是特别大时，他们之间往往很容易发生口角与“纠纷”，有的父母觉得这种情形见得太多，都懒得做“判官”细问缘由，只简单地责备老大。虽然也许宝宝们还不会表达，但对于“老大”而言总觉得不公平，对于“老小”来讲就总是觉得很侥幸，这对他们日后性格的形成都会造成很大影响。

宝宝要跟玩伴绝交

培养宝宝独立的办法

*宝宝在与小伙伴玩耍时，经常会因为一个小小的原因，赌气说再也不跟对方做朋友了。这时父母应细心了解宝宝为什么不想跟对方做朋友？如果不是一句玩笑的话，家长应及时帮他正确分析，让他有选择朋友的自由。

*家长若发现原因是宝宝被同伴攻击、威胁时，应教导宝宝如何自我保护，并积极介入、协助一同处理复杂的情况。

阻碍宝宝独立的行为

*有时父母的工作和个人事情较多，无暇顾及宝宝的一句

话、一个行为，甚至不问清楚为什么宝宝不喜欢那个小伙伴或同学，而一味要宝宝忍耐。

*有的家长担心是自己的宝宝个性太强、不合群，就恐吓宝宝若不跟别人分享东西，就会被大家不喜欢或讨厌。

*还有的长辈出于对自己家宝宝的“爱”，不问原因就认可宝宝的想法与做法，既然“错”都是小伙伴一方的，所以不喜欢他与他绝交也没什么大不了的。

在这个独生宝宝“勇闯天涯”的年代里，也的确出现了许多的“问题宝宝”，自私、个性强、没有耐心、不能受压等等，所以建议年轻的爸妈一定在宝宝年幼的时候就留心他们的心理与行为的健康成长。

宝宝不喜欢他的老师

培养宝宝独立的办法

*宝宝在幼儿园或学校班级的集体生活中，有时回家会说不喜欢某某老师，这时爸爸妈妈应耐心引导宝宝说出不喜欢老师的原因，听听宝宝自以为很充分的理由，然后以同理心，给予适当疏导或建议。

*家长若发现是老师有不当行为，比如同学纠纷处理不公或考试成绩批阅有误等等，应及时与老师进行积极沟通，消除孩子与老师之间的误会。严重情况下，家长应去学校当面了解状况，妥善处理，让自己成为孩子与老师和谐相处的桥梁。

阻碍宝宝独立的行为

*当孩子受了委屈回家说不喜欢某某老师时，家长在原因不明的情况下，直觉认定宝宝受到了不公正的待遇，气冲冲地找老师算账。

*家长非常心疼宝宝，跟他站在同一阵线，仅仅在语言上数落老师，认为就是老师不对，却不思考沟通、改善的办法，使得事情没有得到有效解决。甚至以后再出现了是宝宝自身原因造成的问题，宝宝也习惯怪罪到老师身上。

小贴士

家长有责任和义务，让我们幼小的宝宝明白这个世界是由形形色色的人、事、物组成的，有时会超出我们自己“喜欢”的范围。所谓“公平”也仅仅是相对而言，以平和、接纳的心态去对待，受益的是我们自己，并且所有的“问题”都有解决办法，不要灰心逃避，正视、积极面对时，问题总能迎刃而解。

敏锐观察力的培养

家长对宝宝的观察力培养多数可以采取寓教于乐、就地取材的方式，比如在户外活动与玩乐中，潜移默化地完成对宝宝各项能力的培养与训练，也是一种很值得提倡与推广的好办法。

创新玩法1 公园采采乐

家人带宝宝到了公园，他是不是只想冲向滑梯呢？一转眼，已经玩得十分忘我。下次再来时爸爸妈妈可别忘了给宝宝准备一个小提篮，并叮咛他这次去公园有一项小小的任务需要完成，宝宝也许会好奇地追问：是什么？能不能现在就告诉我？这时，爸爸妈妈可以告诉宝宝：任务就是要找到5种不同颜色的落叶、花瓣或是采集同一种树叶，但是大小要有不同。

这种有目的性的玩法，可以让原本只专注于游戏器材的宝宝，将兴趣转移至自然环境中，同时根据游乐场地环境与景物的不同，给宝宝合理设定任务要求，亦能培养其专注力及观察力。在公园拾起落叶与花瓣，回家后可以有许多延伸的玩法噢！

创作植物画

将树叶或花瓣一一清洗干净，经过晾晒，用书籍夹压使其平整，然后爸爸妈妈可引导发宝宝发挥想象力将其制作成各种“植物画”作品。

建立顺序与数字概念

同一形状、大小不同的树叶，可以让宝宝学习由大至小的排列顺序，横向或纵向排列；还可以给宝宝提要求，按一定数量给树叶分组，每组树叶的数量不同，家长用数字在旁一一标注。由具体的视觉与触觉，通过简单的方式帮宝宝练习建立抽象的概念。

分类游戏

爸爸妈妈给宝宝准备几个小碟子，可以引导宝宝从花瓣或树叶中挑出颜色相同相似的分成一类；或者引导宝宝仔细观察与辨认，树叶的外形或外轮廓相同的分为一类，逐步给宝宝建立分类的概念。

创新玩法2　颜色配对寻宝

在出发前给宝宝准备一张稍厚的白纸，将纸裁成约15cm X 20cm的大小，方便宝宝拿取，协助宝宝在纸上画出九个方格，每一格用彩笔涂上不同颜色。

当宝宝去户外时，提醒宝宝携带一个方便袋，只要找到与

色纸相同颜色的小东西，即可收纳到方便袋中。大的静物比如湖水、蓝天、草地等，由爸妈代为记录在纸上。公园中，存在着五彩缤纷的美丽颜色，尤其到了季节转换时，树叶呈现多种不同的颜色，是为宝宝解说大自然现象的极佳时机。有了这张小小的配对卡片，您会发现宝宝的细腻观察，往往超乎成人的预期和想象，一次普通的公园游玩，竟然成为宝宝的“发现之旅”。原本往返路上不起眼的小碎石、土壤、枯枝、落叶都能跃然纸上成为宝宝的作品。

创新玩法3 动物配对小书

动物园几乎是所有宝宝每年必游之处，除了学校的例行户外教学活动，父母也会利用假日带宝宝参观动物园。但是，如何营造一次愉快又有意义的活动呢？父母只要加一点小巧思，便可以让每年例行的动物园之旅充满趣味与学习价值。

在去动物园的前一天，家长为宝宝准备一册或多张印有多种不同动物图案照片的画册或卡片，提前将上面的动物一一缩小复印一份，指导宝宝将复印的动物图案分别沿边缘剪下，背面贴上双面胶。在游园过程中指导宝宝找出看到的动物图片，与画册上的动物照片粘贴进行配对。给宝宝设定任务时，视宝宝的年龄、接受能力与个体需求，相应加以调整。比如，年龄稍大的宝宝可以让其比对画册，观察动物的动作、表情有无与画册一致的情形等等。

父母只要善于利用宝宝的好奇心与观察力，即使是到附近公园普普通通的散步与踏青，都可以成为他小小年纪里一次又一次情趣盎然的发现之旅。

培养宝宝爱阅读

假如想培养宝宝从小爱阅读的好习惯，家长不妨在宝宝0岁时就持之以恒地为宝宝念书，念的时间并没有限制，可以在床边宝宝入睡前讲1~2分钟，也可以边喂奶边读5~10分钟，依大人的耐力来衡量。等宝宝1岁会翻书时，为他准备色彩丰富、图画多样的“小小书”或“布书”，让他自己去翻阅。若给宝宝建立了对书的好感，阅读习惯也就不难养成了。

宝宝4岁左右时，可以逐渐培养他认字，由此在上幼儿园期间他就可以自己完成简单的字词、短语的阅读。

坚持亲子共读是不二法门

亲子共读是培养宝宝阅读习惯的好办法，最大的原则就是：家长要持之以恒地坚持下去！

妈妈的声音会让宝宝有安心的感觉。妈妈可以将宝宝抱在胸前，让宝宝和自己都看同一方向的同一本书，慢慢翻页，逐字阅读。如果宝宝无法专心，一开始会用小手把书推开，那就不勉强他，但是要记着第二天、第三天再一次一次试下去，如此持之以恒，宝宝一定会被吸引。

开启阅读大门的钥匙其实就在每一位父母的手上，要让宝宝愿意走进去，就必须要让宝宝习惯和你一起读书。

把关阅读内容

宝宝接触阅读的环境完全依赖大人来提供，要带领宝宝领略阅读的美好，大人就应该以身作则，不去接触不良读物，并且给宝宝选择适合其年龄段阅读的图书。

*0～1岁阶段

在这个时期家长购买图书应选择没有过多故事的书，因这个时期的宝宝对故事接受能力还有限，较适合宝宝阅读的是认识颜色、形状、大小、物品等没有故事或故事性较弱的图书，这些会适合宝宝的成长需要，帮助他结合日常生活去学习物体的名称、大小、颜色等。因宝宝的这个成长阶段很快就过去了，所以家长不需购买太多图书。

*1岁开始阶段

家长可以找故事内容能诱发宝宝的创意及想象力的图书，可以带有一定故事情节，但每页的字不要太多，适合由爸爸妈妈读给宝宝听，宝宝可以自己看图画。这样不仅能增加宝宝的词汇，启发听觉、视觉，更能为宝宝制造一段轻松和谐的亲子时光，让宝宝感受到“阅读”是一件快乐的事情。

*3岁以后阶段

可购买故事情节相对多一些的图书，除了父母讲给宝宝听以外，也可以引导宝宝复述其中的一段内容。还可以根据宝宝的接受程度，让其用自己的语言给家人或小伙伴复述整个故事情节，这时有的宝宝还能很好地模仿爸爸妈妈当时阅读的语气与神情。即便有的宝宝不愿意复述或是卡壳，家长千万记住不可训斥宝宝，应该及时给以鼓励，同时耐心引导。

和宝宝共读有诀窍

随着宝宝年龄增长，阅读方式也必须有些调整。

当宝宝还是小婴儿时，因为视神经还未发育完全，重点在于大人要大声地念出来，吸引宝宝听觉的注意。念颜色鲜艳的书可刺激宝宝的视神经，但只要家长能怀着愉快的心情，念报纸、杂志等什么都可以，让宝宝有被关怀与被爱的感觉。抱着随缘的态度，早上宝宝不听，改下午念，不用强求。

当宝宝5个月后，会有些动作反应（例如，8个月会翻书、1岁会把书抓走）时，说故事的语调可能就要口语化些，像是表演一样来抓住宝宝的注意力。同时要注意与宝宝眼神的交流，语言、表情及动作的互动。尤其是当宝宝会说话以后，爸爸妈妈可以讲到某处故事内容的转折点时，声情并茂地问宝宝："你猜，这时的小熊，他看到什么了？"然后等待宝宝来回答。假如答案不正确也不要制造"冷空气"，而是鼓励他继续猜，或是告知宝宝答案，继续下面的故事内容。

小贴士

让宝宝心悦诚服地听妈妈说故事当然不是一天两天的事，刚开始宝宝可能5~10分钟就会跑开。这时家长念的速度可能要快些，而且要有抑扬顿挫的语调变化。等宝宝爱上书本，爸爸妈妈就可以照本宣科地读给他听，他会静静地坐在你身边，欲罢不能地要你一直讲。养成习惯后，宝宝自己都会找出书来要家长读，这也正是考验大人耐心的时候噢！

集中注意力

了解宝宝是帮助他改善注意力不集中的第一步，如何观察并了解宝宝是否存在注意力不集中的问题，并帮助他集中注意力，可由以下7个方面着手：

先认同宝宝的感受

在面对宝宝不专注态度的行为反应之前，应先听听他怎么说。例如，宝宝大声嚷嚷不想再去幼儿园，不该立即责骂：“你说什么？怎么可以不去，你一定要给我去！”而是改用别的问法：“为什么不去呢？是因为幼儿园有什么令你害怕的事情吗？说出来给我听听看。”

避免语言的刺激

当宝宝有些不好的口气，父母应用和缓的方式回应：“说那句话不是很恰当噢！”父母过度的语言刺激，会使专注力不足的宝宝自信心更为低落，症状也会更为严重。

用情绪教导让宝宝愿意分享

说出自身的感受，能让宝宝知道你的感受，并以此引导他也说出自己的感受。制造一个情境，告诉他："今天工作做得不是很顺利，感觉很沮丧，那你呢？"但也不要抒发过多的不良情绪，否则会带给宝宝太多负面的影响。

以自身为例询问宝宝的愿望

让宝宝知道你以前也面临过这样的情形，并且提供当初是如何走过来的方法，让他感受到你的同理心，他会较愿意敞开心房与你分享心情。或是从他的愿望里去观察，他是否遭遇了困难或挫折。

正面赞美，注意声调

赞美对于建立宝宝的自信心非常重要，适时地在一些正确的事情上对宝宝美言几句，之后在面对这件事时，他也愿意花更多时间去处理。而注意力不集中的宝宝，还是可以细心地感受到你对他的口气是否不耐烦，所以家长在与其对话时亦须注意声调与音量的控制。

通过明确的问法收集更多信息

家长在问法上要有技巧，一般性的问题可能只会得到宝宝的“好”与“不好”等回答。命令式的问句，只会得到沉默的回应。过于引导式的问法，会只得到你预设的答复。应该以宝宝的角度，请他说明整件事以及内心的想法，而不要先套上自己的既定模式。

专注聆听并两眼直视

其实有些家长跟宝宝说话时，也很不专心。虽然宝宝还比较幼小，但他也能感觉得出来你是否在用心聆听，这会影响他的说话内容；故尽可能地直视他的双眼，并散发诚恳、温和的眼神，让他愿意说出他的困难和挫折。

小提示

父母不妨经常与宝宝保持同一高度的位置进行对话，比如蹲下身来或是抱起宝宝，与宝宝的眼睛保持平视，让宝宝感觉是在一个平等、宽松的氛围中进行对话，宝宝会更加集中注意力进行交流。

让宝宝"快起来"

你常希望宝宝吃饭快一点，入睡快一点，玩玩具快一点，出门整装快一点吗？但凡生活中的每一件事宝宝都能做得快一点吗？

现代人生活步调快，父母在教养宝宝时不自觉出现了"催促"的态度和语言。是宝宝动作真的太慢？还是大人你的时间不够？

要让慢宝宝跟上一般人的脚步，提供以下两个方法作为宝宝行为改变的技巧。

使用"预告"策略

如果你希望宝宝在半个小时后结束或完成目前手上的工作，那么请分别在10分钟前和5分钟前提醒宝宝。

宝宝虽然不知道5分钟和10分钟分别是多久，但他会知道节奏，久而久之他会遵照约定去完成事情。至于较大的宝宝，家长可以利用沙漏来帮忙，一样可以让宝宝有时间观念。

如果家长订下时间，自己务必要遵守，这样宝宝才知道时间是不可商量的，说到要做到哦！

给予"包容"和"练习"

不当的催促包括掺杂了批评和比较的词汇。例如"你怎么做得这么慢啊，还做不整齐，妹妹都比你做得好……"

对于需要比别人多一点时间学习的宝宝，我们要给予充分的包容心。与其抱怨宝宝动作慢、学不会，不如帮宝宝多制造一些学习机会，或者去观摩其他宝宝的学习，也可帮助宝宝找到快一些的方法。

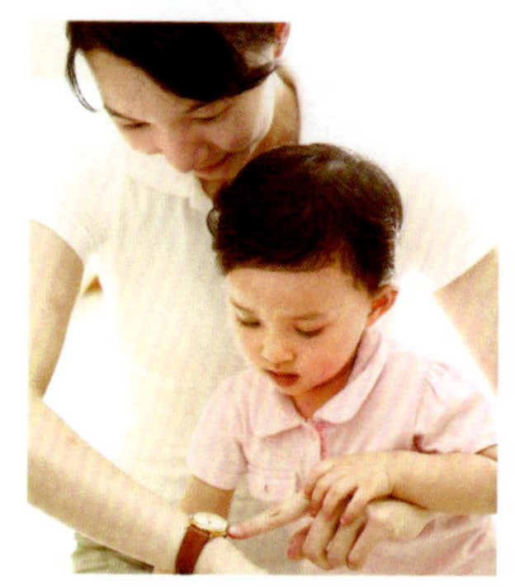

小贴士

你的催促方式是缩短宝宝的摸索时间、扼杀宝宝的学习乐趣，还是帮宝宝偷工减料、建造知识的海砂屋呢？建议家有学龄前宝宝的父母，千万别做“快一点”父母，慢慢来或许比较快噢！

宝宝太黏人怎么办？

经常听到有的妈妈抱怨自己的宝宝过于黏着自己，其实可以通过以下办法去改变。

分清“有理取闹”和“无理取闹”

面对宝宝哭闹，家长可先分辨宝宝是“有理取闹”还是“无理取闹”。如果是生理需求，属于家长必须满足宝宝的

"有理取闹"，例如：宝宝无聊，家长就可以让宝宝听音乐、故事、儿歌。

如果不是上述情况，家长也不能就不理宝宝，尤其是两岁内的宝宝，家长不可离开他的视线太久。建议可以采取其他措施来取代"拥抱"和"黏"。例如，给他安全的玩具或他喜欢的干净玩偶，让这些东西取代家长的"抱抱"，然后再口头响应他，家长还是可以一边跟他说话、一边做自己的事情，避免让宝宝学会通过哭来达到掌控目的。

温和坚定地表达立场

面对宝宝用"哭"和"黏"的方式来达到自己的需求，家长要勇敢地坚持自己的立场和原则来响应宝宝，但是不要生气。

很多时候是家长和宝宝坚持度的竞赛，宝宝用哭和黏的方式看家长什么时候软化，家长千万要保持耐心，让宝宝明白原则，冷静响应并充分告诉他原因。

家长千万不要生气，因为如果家长抓狂，还是会让宝宝觉得哭闹是有用的。

给宝宝正面回馈

当宝宝停止哭闹或能够安静地做自己的事情的时候，家长可以给宝宝正面的回馈以及小小的鼓励。例如，抱着他绕一圈，喂他吃个布丁，然后叙述他的正面行为，告诉宝宝他很棒。

如此不仅为宝宝找台阶下，缓和了关系紧张的气氛，也给宝宝正向的鼓励，让他明白这样的行为是有益的、是可以被接受的。

小提示

聪明的父母会在宝宝乖的时候就抱抱他，给他一些正面的肯定，这样一来，亲子关系才能既有安全感又健康。

好问宝宝不难教

面对肯主动沟通的好问宝宝，父母该把握住这难得的亲子交流时光。解惑之余，以下五禁忌，爸爸妈妈请记得避免。

禁忌1 指责、禁止宝宝发问

爸爸妈妈不要因疲累、没心情等情绪因素，指责或禁止宝宝发问。如果父母因为工作忙碌，累到不想说话，可以委婉地告知宝宝自己当下的状况，并承诺稍后与之讨论。

禁忌2 敷衍宝宝

由于小孩的理解能力有限，父母亲在解答好问宝宝的疑问时，答案及内容最好清楚且具体，避免答非所问，或是图省事简单敷衍宝宝，长此以往会给宝宝的正确认知带来干扰和混淆。

禁忌3 不懂装懂

宝宝的问题经常是五花八门、各式各样，一旦遇到父母也不懂的问题，绝不能逞强回答。不是所有父母都是万事通，如果“不幸”被宝宝考倒，爸爸妈妈也不必感到颜面无光，改当宝宝的同学，一起寻找答案，教学相长，对宝宝而言绝对比你不懂装懂更有意义。

禁忌4 训斥反复提问的宝宝

父母谨记千万不要对反复提问的宝宝怒吼、咆哮， 宝宝在受到责骂及得不到想要的答案时，很容易因此倍感挫折，失去对父母的依赖与信任。如此一来，宝宝因满腹求知欲而反复提问，家长因极度不耐烦持续开骂，长期恶性循环，亲子关系将急速恶化。

禁忌5 嘲笑宝宝的傻问题

如同白纸般纯洁的宝宝，就是因为对周遭事物好奇，才会出现好问行为。当宝宝问出好笑、异想天开的傻问题时，家长最好认真回答，并懂得适时欣赏宝宝的纯真。父母无心的嘲笑或是粗暴的责骂，只会伤了宝宝的自尊心，无助于解决问题。

小贴士

父母亲一定不要回避宝宝提出的尴尬问题，比如“我从哪里来？”等，可以用讲故事的口吻给他描述但没必要太详细、太科学，因为这时候宝宝只是要一个答案。

宝宝爱说“不”怎么办？

有的小宝宝看上去好像从小就是个“逆反宝贝”，抵触情绪和行为时有发生，这也着实让家人不安。其实不需要着急，这也仅是个“特殊时期”而已。尝试用以下办法培养小宝宝，你会惊奇地发现宝宝竟然有很大改变。

父母以身作则

首先，父母要减少说“不可以”的次数。宝宝在这段期间经常说“不要”，爸爸妈妈可以先“照照镜子”自我反省，这个“不”字是不是也是自己使用最多的字，甚至是自己先说出口的。

对宝宝来说，爸妈说“不可以”时要服从，他们可以感受到父母的权威。为了证明自己的存在，为了要得到控制权，宝宝也以“不要”来争取自己在家中的一席之地。这是一种很自然的模仿行为，如果你不喜欢宝宝一天到晚把“不”字挂在嘴边，自己就要尽量少说。

为宝宝示范正确的行为

其次，对宝宝说“不可以”的同时，请告诉宝宝哪些行为是可以接受的。减少说“不”，并不是不可以说。宝宝正处于成长学习的阶段，告诉他们哪些行为是不被允许的，对他们很重要，但更重要的是要让他们了解哪些行为是可以接受的。

听听宝宝的心情

发展中的宝宝，尤其是0~3岁的宝宝，有许多让父母不接受的行为，如丢玩具、撕书本等，尽管父母一再提醒，但仍然没有改善。其实，从宝宝发展的角度来看，那些行为都是宝宝对自己身体的运作、对周遭环境的探索的正常表现，绝不是故意要整父母。父母不用生气，也不用责怪，应把这些行为当成是了解宝宝的线索。

让宝宝有自己作抉择的机会

宝宝喜欢做自己的主人，给他提供选择，正好满足这个需求。而且，事情是自己选的，通常较会心甘情愿地做。举个例子，宝宝乱摔玩具，这时你可以对宝宝说："玩具这样摔会坏掉。你有两个选择，一个是不摔玩具，好好地玩；另一个是继续摔，但是妈妈就把它收起来，不让你玩。"宝宝如果继续乱摔，就把玩具收起来，他若大哭，就让他哭，然后告诉他："妈妈已经给你选择的机会，你选择乱摔，我只好收起来。"如此几次之后，宝宝碰到有选择的时候，会好好考虑、衡量轻重的。

大人要避开空头支票

给宝宝抉择时，提出来的条件，绝不可以因宝宝哭闹而妥协（这一点一定要坚持，有些宝宝会哭上40~50分钟）。而

且，开出来的条件也一定要是你做得到的，不能开空头支票，宝宝才会清楚地知道妈妈讲话算话，慢慢建立出你和宝宝之间的规则，亲子之间才会有相互的信任和默契。

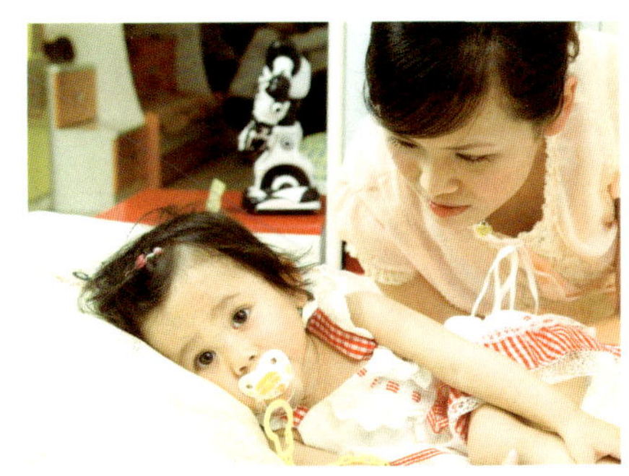

小贴士

这一阶段的宝宝绝不是有些妈妈形容的“人性本恶”。他们只是用他们有限的智力、用他们的方法，来证明自己的存在。父母应该以平常心看待，协助宝宝度过这个阶段。

宝宝摔摔打打怎么办?

面对宝宝的摔摔打打，爸爸妈妈应当及时适当管教，帮助宝宝建立好规矩。

制止继续伤害

不管是对物或对人，父母应该及早阻止宝宝的“伤害”

行为，以免他日后养成习惯。虽然宝宝生气打人或摔丢东西都是不可取的严重错误，但父母一旦发现务必采用缓和的、利于宝宝接受的方式，不能简单粗暴地指责甚至打骂宝宝。阻止宝宝行为的同时，家人也应细细反思或检讨自身是否有此行为或倾向。例如：宝宝一旦不乖，自己是否也是举手打他？宝宝打人究其原因通常是模仿家人。

了解背后原因

幼童的表达能力尚未成熟，出现不当行为通常有其背后意图。例如：1岁前后的宝宝喜欢拿起物品往外丢，可能是他想探索物品或了解远近关系等。2～3岁的幼童和人一起玩容易抢夺、动手打人，可能是他们想玩别人手上的玩具但不会表达等。

少责备多引导

宝宝的每一种行为都代表他当下的理解能力和表达能力。父母不需过度责备宝宝，应该善用机会教育宝宝分辨对错，感受自己以外的感觉。宝宝出错正是大人与宝宝一起建立生活规矩与游戏规则的时候。

制造学习机会

不要因为宝宝乱丢玩具就不让他玩玩具，不要因为宝宝会打人而减少他与人互动的机会。相反的，父母应该让宝宝学习用正确的方式去爱惜物品、和谐与人相处。

陪伴善后处理

宝宝打人，父母不是管教过宝宝就好，尤其较大的宝宝应该让他学习“认错”与“道歉”。父母可陪同宝宝道歉或示范道歉方法，日常生活中建立“请、谢谢、对不起”的使用规范，这样宝宝在面对自己或别人的错误时，也才会有一颗同理心可以学习。

小提示

任何肢体处罚都不适合学龄前儿童，应该让宝宝了解“自然后果原则”，也就是让宝宝明白他做了什么，理当会有什么样的结果。

帮宝宝摆脱“被欺负”

当家长发现宝宝遭欺负时，心里往往感到既心疼又生气，也常不知所措。究竟该如何帮助受到伤害的宝宝脱离被欺负的阴霾？

普遍化技巧

让宝宝知道身边亲近的人也碰到过类似的处境，让他感觉他不是孤立无援的，有人曾有过跟他类似的经验和心情。例如告诉他："妈妈以前上学的时候也有碰到过噢。"这时候一般宝宝都会好奇地问："那你那时候怎么办？"爸爸妈妈即可利用机会发表自己的建议与意见供宝宝参考。

讨论、教导解决办法

通过分享父母类似的经验，进一步跟孩子一起思考、讨论解决的办法，或是教孩子怎么做。如果是年纪比较小的宝宝，可能根本不知道该怎么办比较好，但至少他心里可能会有一个想要的结果。父母通过不断丢出的问句，来帮助宝宝寻找答案。比如与孩子共同讨论是否适合找老师、找对方家长等等多种办法来彻底解决问题。

小提示

家长若发现宝宝的个性较压抑，则平时就要多鼓励宝宝把感觉说出来，并观察、注意宝宝的情绪波动。

经常鼓励宝宝对新鲜事物进行勇敢尝试。

教宝宝摆脱重复行为

若宝宝玩同一件玩具很久，通常代表他尚在学习阶段，若他掌握到玩法和诀窍，自然而然就会将兴趣转移到其他新玩具上。对于依恋倾向较严重的部分宝宝，可能重复行为的时间会较久，家长就需适时地引导宝宝接受新的挑战和变化。

家长更可利用宝宝喜爱重复的天性，将其转化成学习的动力！

Step1 接受

当宝宝出现重复行为时，家长心态上应抱持接受的态度，不需大惊小怪或感到不可思议，毕竟这是每一位宝宝都会有的行为历程，况且一个东西会那么吸引他，一定有它的理由。

1岁左右是宝宝出现重复行为的高峰期，若宝宝到了3岁，对某行为或事物仍很执着的话，家长就需要稍微注意一下宝宝是否有病理上的问题（如自闭症）。

Step2 观察

当父母对宝宝的重复行为打开心胸、抱持接受的态度后，就要留心观察宝宝重复行为的模式。例如：宝宝开始喜欢玩把东西放进去再倒出来的游戏，那么家长在观察之后若是发现不易改变，可以提供给他大小、材料、类别等不同的玩具。也许宝宝还是会用放进去再倒出来的玩法进行，但已经能够在其中学习到不同的操作技巧及对于不同材料属性的掌握，这能使宝宝在重复性高的游戏中有延伸的学习机会。

建议父母应先观察，再适时地给予引导，而非粗暴地制止或打断宝宝的重复行为。

Step3 引导

在引导上，主要有以下3项重点：

1 不要只给宝宝单一的东西，在内容上可多加拓展。举例来说，若宝宝偏好《白雪公主》的图画书，则可以先让他多接触其他同类型的故事（如《睡美人》、《拇指姑娘》等），而不是一下就要他转换成《孙悟空》，否则，宝宝会因接受度不高，而显得兴趣短缺。

2 同样的玩具，可以用不同的玩法，或是提升难度的方式来进行。有时候宝宝不是因为执着于同一种玩法，而是他不知道还有其他的玩法，这时成人可适度地介入引导，让宝宝的学习能力一再升级与进步。

3 多给宝宝不同类型的玩具。像是教育类玩具（如积木、拼图等），或是真实的玩物（如水、泥土、沙子等）都是很好的选择。

摆脱假期综合征

宝宝的适应能力不及成人，所以有时候较长的假期过后，宝宝回到幼儿园或是学校的第一周的确会有较多“不正常”的现象需要调整。爸爸妈妈应该由“理解宝宝”出发，进而应对宝宝的假期综合征。

提前做好作息调整

放假不仅使大人的日子过得较为随性，对于宝宝生活作息的要求也会比较松散。尤其是在假期结束前的一天，应该对宝宝的活动起居及睡眠作息进行充分调整，使其与平日的作息安排同步。外出度假应尽量提前返家，否则假后的第一天入园或上学迟到是常见的现象，也会影响宝宝当天的学习状态及品质。

做好心理准备

假期父母所提供的活动内容通常比较休闲，学校的活动则属学习性质多、规范性强的内容，相较之下，宝宝从心理上会感到假期结束的落差，所以需要一定时间提前调适，否则假后宝宝难免出现反抗情绪，像闹脾气、不愿去幼儿园或上学等等。

身体不舒服

假期结束后宝宝重返学校也常出现身体不舒服或生病的现象，其实这是由于心理原因造成的焦虑型生病。有些宝宝在假期结束前一天还玩得很久不曾收心，隔天又要马上受约束去幼儿园或学校，不适应也就在所难免。专家强调，准备仓促也会让宝宝感到焦虑或身体不适。有的宝宝甚至可能因为睡眠不足而使得身体机能一下子无法调整而发烧、不舒服等。

宝宝的好规矩与好教养

懂礼貌的乖宝宝

比较自我、不受约束的宝宝通常在上学以后会有一些问题需要克服，例如在学校和同学抢东西，不喜欢排队，没有同学愿意跟他一起玩等。因此，爸爸妈妈要从小培养宝宝守规矩的好习惯。

有爱才是教养

幼童能理解的事情不多，父母不要苛求宝宝懂事。等宝宝长大是每个父母都应该有

的心理准备。在这过程中要以“爱”来教导他们，才不至于出现虐童、不当管教等问题。

了解他的特质

每个人都有他与生俱来的先天特质。有些宝宝活泼、有些文静，不能以文静的标准来衡量易动的宝宝，那样宝宝势必天天逾矩、日日受挫，得不到赞美、找不到自信心；反之亦然。

给予不同的管教方式

再多再好的育儿方法都不如了解自己宝宝的父母所采取的有爱心的方法。父母最清楚自己的宝宝适合什么样的管教，因为每个宝宝都是独一无二的，当然也要用独一无二的方法管教才能奏效。

标准一致

不论用什么方法管教宝宝，建立一套统一标准很重要。不要常常因人、因时、因地而采取不同的管教标准，那样宝宝会无所适从，长大些甚至会以对自己有利的标准来行事。

公平对待

只要父母标准一致，宝宝会清楚地知道规矩就是这样的。然而当家中有其他手足时可能发生

公平质疑，此时父母可依宝宝年龄给予说明，例如告诉较大的宝宝为何他的标准比较高，而他小时候的标准也是像弟弟现在这样的标准等。

父母的管教心态、方法与权限拿捏，都将影响宝宝是否能守规矩、有礼貌，进而成为受欢迎的好宝宝噢！

让宝宝彬彬有礼

父母亲是宝宝最为亲近的人，因此宝宝的学习通常都是由模仿父母的行为开始。家庭是宝宝的第一个学校，在学龄之前，“家庭教育”就显得格外重要且不可轻忽。要培养或纠正宝宝的不礼貌，可以试试这样做：

父母以身作则

亲子关系就像是一张纯洁无瑕的白纸，学习的过程即同于在白纸上绘出各种颜色。一开始的色彩要是上得不够好，之后的补救工作就更为艰辛且困难。

父母亲在应对他人时，就要以身作则维持基本的礼貌和尊重。当宝宝耳濡目染此种礼貌行为，他对于长辈的示好，就会懂得如何反应。家长要加强自身精神文明的意识，自己首先要做有礼貌的榜样。

及时纠正不溺爱

对宝宝一两次无礼貌的行为要及时纠正，不要溺爱，不要认为宝宝还小、说话口气又凶又狠没有关系。纠正时要注意自己的语调、语气，不要也是又凶又狠，否则倒成了他学习的榜样了。你纠正他的时候语气要严肃、坚定、有威严，让他感到有压力、不能再这样说了。

不受掌控冷处理

面对宝宝的无理要求，爸爸妈妈不能受制于宝宝，应该客观冷处理。比如，宝宝硬是无理要求你从他身边离开，你走不走，要看情况，不要他叫你走，你就走。而且你若走了，他叫你回来，你不要回来，暂不予理睬，让他感到他这样说话、这样做是不对的。千万不要无条件受他指挥，他叫你走，你就走；他叫你别走，你就赶快回来。

事后耐心教导

事情发生时，宝宝的情绪可能比较激动，不容易接受大人的意见和建议。不妨等到事情过去了，爸爸妈妈再耐心地和宝宝讲明道理，不能对他又凶又狠，应该细心地告诉他爸爸妈妈为什么不喜欢这种行为，这样做错在哪里，正确的做法是什么样子。

循序渐进

平日里，爸爸妈妈可以通过陪宝宝一同阅读有关礼貌的图画书来教育他，有时会收到很好的效果。还有礼貌用语、餐桌上的礼仪也要不断训练，要创造条件让宝宝反复练习。比如：请、谢谢、对不起等礼貌用语，要给宝宝机会说，让他在适当情景表现。

及时表扬

爸妈的表扬与赞许是宝宝改变的最大动力。父母和家人都应该刻意留心，在某一天如果宝宝做了有礼貌的行为，要及时表扬。帮助宝宝巩固这样的好行为，逐渐建立习惯，让他成为一个彬彬有礼的好宝贝。

小提示

亲爱的爸爸妈妈可不要忽略言传身教的力量，每一位家长都可以用“以身作则”的方式去教导宝宝、影响宝宝，长期坚持一定会更有效。

守纪律的好宝宝

常见许多爸妈任由宝宝在家中恣意胡闹、没有规矩，如此一来，自然无法将小孩变成公众场合的模范生。

父母态度很重要

其实要教导出有纪律、懂规范的好小孩，爸妈的态度非常重要。有些爸妈会出于“爱”的观点，认为小孩就该给他“适性自由”的发展，随着年龄增长，自然而然就懂规矩了。可是他们却忽略了每个人“享受自由的前提是纪律”的原则。

家中立规矩

父母要规范条件来教育宝宝形成好的行为举止。倘若宝宝在家里就有好的行为表现，到公众场合后，表现亦不会相差甚远。

在外面或是当着众人时，父母面对宝宝的“没规矩”可以放一马，但是回头必须跟宝宝讲明守纪律、懂规矩的正确做法应该是怎样。在家中就应该先订下需要遵守的规范，并彻底执行，当然这个执行不是粗暴强制，而是循循善诱，让宝宝明理。

及时表扬进步

从自由散漫的“任我行”到规规矩矩的“小达人”绝不是一朝一夕之事。父母需及时发现宝宝的点滴进步，不断鼓励表扬，就会逐渐看到模范生的身影了。

轻松融入团体

融入前的“预防针”

做好心理准备

入园或入学之前，家长可以先用有趣的图片、照片、故事或别的小朋友的经验，告诉宝宝新团体生活的情形，借以减轻其紧张与恐惧。当宝宝提出各种疑虑或问题时，家长也应耐心地详细解说，甚至告知可能会面临的不便、困难，以及如何解决的对应之道，如此可降低宝宝的不安，亦可帮助宝宝学习如何去适应新环境。

鼓励宝宝愉快参与

给宝宝积极、正向的鼓励，让宝宝觉得参入其中是件很愉快、很有趣的事情。父母如果能以肯定、鼓励的正面态度，带领宝宝面对即将入园或入学的事实，大多能激发宝宝的自信心，并向往新团体的新生活。家长切忌对宝宝说“你再不乖，就送你去幼儿园（学校）。”这样的言语会让宝宝误以为幼儿园或学校就是惩罚自己的地方，从而产生抵触情绪。

创造多种机会

平时就给宝宝创造各种各样的机会，多鼓励宝宝在可行且安全的范围去探索、接触新的人事物，这些成功经验将让宝宝更有信心去适应入园或入学后的生活，例如带他去公园、儿童乐园等，与陌生小朋友做些小型社交活动。

调整作息时间

家长最好在入园或开学前2~3周就配合新团体的作息，每天以半小时为单位慢慢调整宝宝起居就寝时间至正常，并培养固定的生活作息，如晨起、午休、吃饭等，这将有助宝宝对新生活的适应。

提前熟悉环境

父母可以提前带宝宝一同拜访要就读的幼儿园或学校，不但可以让宝宝认识老师，也借此机会熟悉环境；可征求园所及学校老师同意，在陌生环境中多参观一段时间，让宝宝玩一玩园里的游乐器材、坐一坐教室的椅子、看看其他新朋友，都可以消除宝宝对未知环境的不安全感，进而对入园或上学产生期待。

融入后的“强心针”

帮助宝宝克服依赖性

宝宝一开始会有负面反应，不一定代表他不喜欢上幼儿园或学校，有时只是对于陌生环境的恐惧。家长要相信宝宝能适应新的环境、保持耐性，给宝宝多点时间调适，家长从旁提供适当的协助与鼓励就好。

正大光明与宝宝道别

与宝宝分开时，最忌讳偷偷摸摸地离开，如此会让宝宝误以为爸妈不要他了。家长应该向宝宝保证几点会来接他，让宝宝放心。此外，也不要因为宝宝哭闹而欲走还留，这样一来，只会让宝宝的哭闹更加严重。

让宝宝带熟悉的东西到学校

家长可以提前跟老师打个招呼，让宝宝带着自己熟悉的东西去幼儿园或学校，如毯子、玩偶、家人照片、故事书等，这些会使宝宝在学校感到安全与熟悉，减少不安与焦虑。

帮助宝宝结交新朋友

鼓励宝宝多交朋友，教宝宝与朋友分享他的玩具及点心，甚至邀请班上小朋友到家里来玩，准备点心让宝宝带去请班上同学吃等。帮助宝宝有更多机会与班上的小朋友互动，增加其上学的意愿和乐趣。

新生入园要提早来接送

刚入园或入学的一个星期到半个月时间里，宝宝特别希望父母早点来接他，好能早点与父母团聚。建议家长们可依据宝宝的不同情况，尽量早一点接宝宝回家，并带着微笑和爱来接宝宝。但不可乱许诺却不兑现，比如说：“乖，妈妈吃过午饭就来接你。”结果等到下午放学才来。

以平常心看待宝宝反应

如果宝宝不想入园或上学，家长应该倾听、接纳宝宝可能会有的感受，并引导宝宝舒解不安的情绪。面对宝宝大吵大闹或郁郁寡欢的情况，家长应该保持微笑，而不是跟着难过或焦急，这样才有助缓和宝宝的情绪。

小贴士

刚入园的宝宝可能会反复感冒，如果症状轻微就让他坚持入园。即使需要休息也不能无休无止，千万不能让宝宝认为生病就可以长期呆在家里。

养成宝宝合群好习惯

要培养一个合群的、乐于交往、善于交往的宝宝，必须从消除那些造成宝宝不合群的原因入手。

营造良好的家庭氛围

家人尽量不在宝宝跟前过多地暴露父母双方的分歧甚至争执，避免给宝宝的心理带来阴影。只有不断改善家庭成员间的关系，全家人和睦相处，互相体谅，给宝宝一个祥和、安全的家庭交往环境，才是宝宝合群的基础与关键。

转变观念改进方式

爸爸妈妈应该不断转变养育观念，改进养育方式，充分尊重宝宝作为主体的人格和权利，避免包办代替。家长应注重培养宝宝的生活自理能力，摆脱依赖思想；引导宝宝学会关心自己的亲人，注重亲人的感受，防止过分的“自我中心”；家长不必时时刻刻陪伴在宝宝身旁，要有意识地给宝宝独立游戏的机会，让宝宝在独自

游戏中独立探索、解决问题，逐渐形成坚实的自信心。

营造真实的交往环境

家长应尽可能多地让宝宝与他人交往，让他们享有接触陌生环境和陌生人的自由；积极引导宝宝主动与同伴交往，帮助宝宝分析和解决与同伴交往过程中遇到的问题，让宝宝有意识地通过自己的努力结交好朋友，发展初步的友谊。

宝宝认知友谊很重要

由于独生子女或是家境极其优越的宝宝其成长环境的特殊性，难免会有“自私宝宝”出现，因此让宝宝懂得友善相处、懂得友谊的重要性尤其关键。

应从幼小时教育认知

有很多宝宝在年幼时不仅缺乏对友谊的深入认知，甚至根本没有学会推测他人心情的能力，面对这样的宝宝时，即使向他说明别人的心情或想以道德来说服他，也是没用的。并且这样的宝宝在成人之后甚至根本不明白什么是“友谊”，不知道“随便舍弃友谊就是不道德”。

朋友是很重要的

有很多爸爸妈妈在教育宝宝时，缺乏给宝宝塑造关于“友

谊”的最基本的道理与认知。父母在宝宝成长过程中一定要说的一句话，同时也是应该让宝宝明白的最基本的道理，就是“朋友是很重要的”。 也就是说应该让宝宝明白物品很重要不能随意施暴或破坏，朋友更重要，让宝宝知晓与小朋友的交往不能随随便便终止或舍弃，从小懂得朋友和友谊的可贵性。

大人应该教会宝宝对友谊的最基本认识才行，让宝宝明白，人与物品都是“很重要的”，不能随便对人施暴或破坏物品，唯有让宝宝理解并接受这一点，才能减少他的施暴行为。

让宝宝成为人气王

提供好的与人相处经验

如果每次宝宝和人相处的经验都是不好的，他自然会不喜欢这一类的社会关系。因此，爸爸妈妈从小就要给宝宝积累良好的与人相处经验，这应该从自身做起。让宝宝喜欢周围的人、信任周围的人，除了主要照顾者之外，家庭中不同的成员也可以和宝宝有互动，在有良好的与人相处基础之上，宝宝才有信心往外走。

提供和其他同龄人相处的机会

现在家中多半只有一个宝宝，因此家长可利用小区的资源使宝宝和其他同龄人有相处的机会。

此外，家中附近的公园其实是最好的地方，大大小小的小朋友都有机会遇到，可以让宝宝练习照顾较年幼的小朋友，也可以让宝宝学习和较年长的小朋友玩。

提供练习的机会

家长不是带宝宝到公园玩就好，还要鼓励宝宝和大家互动，练习如何和其他人相处。一进到公园时，妈妈要先做示范，和遇到的大人、小朋友打招呼，一边也带着宝宝认识大家。如果宝宝较怕生，也可以和大家打完招呼后，先坐在一旁和宝宝说明现在的情境，比如说："有大姐姐在那边玩荡秋千，他们看起来好高兴噢，那边还有小弟弟在地上画画，我们过去看他在画什么？"借由这样的方式带宝宝走入人群，让宝宝练习与人相处。

把宝宝当作朋友

爸爸妈妈要将宝宝当作自己的朋友，而不是财产或附属品，如此便能本着朋友相互协助的关系去发展良好的亲子关系，也较不会放纵宝宝。另外，要理解宝宝的心情，让宝宝知道你了解他难过的原因，而不是一再满足他的需求。当自己心情不好时，也可以和宝宝说，反过来要宝宝抱抱妈妈、安慰一下妈妈，如此类似朋友的互动都可以让宝宝及早认识和小朋友的相处模式，也会让爸妈不再因为过度保护而担心宝宝的人际关系发展。

大人的示范

如果爸妈本身就不爱交朋友、不善分享，那么小朋友看不到实际的示范当然很难踏出第一步。家长应该以身作则，示范给小朋友看。像从远方旅游回来，带了一些特产要和邻居分享，可以跟宝宝说："这么好吃的东西当然要和好邻居分享咯！所以我们要把这个给隔壁王妈妈还有小明吃。"若是宝宝已经具备足够的语言和行动能力，两家交情也够深厚时，甚至可以让宝宝执行这个分享的行为，让宝宝拿东西去和邻居分享。

小贴士

不论什么样个性的宝宝都可以通过教养方式以及父母的示范引导，成为人见人爱的小小人气王。亲爱的爸妈们，别忘了从生活中做起，让宝宝从小学会与人相处噢！

爱做家事好宝宝

只要爸爸妈妈肯用心，保你很快教出家事达人小宝贝。

擦拭桌椅

准备道具：海绵（或小抹布）、小桌子或小椅子、装水小水桶。

进行方式：爸爸妈妈应先示范一次擦桌椅的动作然后再请宝宝模仿。试着让他自己将海绵沾湿，站定在桌椅前，运用小手来回地移动海绵，完成擦拭桌面的动作，请宝宝擦小手移动范围内的桌面即可。此动作能增进宝宝的肌力发展。

搓洗袜子

准备道具：小水盆、小袜子、少许皂液。

进行方式：给宝宝一个小水盆，家长先协助注入一些水及放一点点皂液后，再放进宝宝自己的小袜子。爸妈可先带着

他做一次动作（和宝宝一起搓洗袜子），宝宝能自己做动作后，放手让他去搓一搓、揉一揉袜子，这就像玩水一样有趣。

2~3岁的宝宝有些动作仍无法完成（如拧干袜子），家长可以代劳，并示范给宝宝看。千万不要勉强宝宝去执行，以免增加其挫折感，反而降低宝宝参与家事的兴趣与意愿，那将得不偿失。

学切水果

准备道具：塑料刀或钝刀1把、香蕉1根、牙签1根或叉子1把、砧板。

进行方式：幼儿园的宝宝可以在大人的全程陪伴下，试着切不太硬的水果。先确定宝宝坐稳后，教宝宝怎么握住刀子以及怎么切。可从切香蕉入门，宝宝每切一下就可以直接插上牙签或叉子来吃一口，体会自己完成的乐趣与成就。等宝宝掌控刀子的动作熟练后，再让他切苹果甚至是硬一点的水果。

宝宝其实自己会很小心并专注在切刀的使用上，假如家长仍不放心宝宝用刀，可以让他先用切蛋糕的塑料刀，从练习切黏土开始。

养成勤劳美德

从小训练勤劳宝宝

让宝宝依年龄协助爸爸妈妈做家事，如排鞋子、拿拖鞋、收玩具、整理书柜、收拾报纸杂志、扫地、擦桌椅、摆碗盘、叠被子、收纳衣服、将餐桌椅归位、垃圾分类、洗碗筷等工作。当客人来时让宝宝学习接待、当小主人，如拿拖鞋、端水果、陪小朋友玩等。让宝宝从小就共同分担家事，不仅可以养成宝宝勤劳的习惯，还可以培养宝宝分类、判断、选择、作决定等能力，以及负责的做事态度。

耐心训练宝宝

有些爸爸妈妈认为简单的工作，对年幼的宝宝来讲，则需要成人有足够的耐心反复教导。若嫌宝宝做家事是“越帮越忙”，不如家长自己来做得快又好，等宝宝们大了又说他们都不会帮忙没有“眼力劲”徒让自己累坏，请问这是宝宝的问题还是大人的问题呢?

小贴士

当宝宝有帮助别人的需求时，会因为能体会家人的辛劳，而愿意将自己的欲望暂搁一旁，共同为家庭付出，也就不会过多产生无理的要求。

宝贝环保好品行

亲爱的爸爸妈妈们，让我们大手牵小手，和可爱的宝宝一起来以实际行动爱地球吧。从现在就给宝宝逐渐塑造低碳环保的好习惯吧。

我会分类

借由垃圾分类，帮助宝宝建立不同属性的分类概念，宝宝可以认识纸、玻璃、塑料和垃圾等物品，并加以分类。

玩法：准备不同材质的废弃物，请宝宝帮忙回收到正确的容器中，若有玻璃物品，记得提醒宝宝要小心取放。

纸盒大变身

这个活动的目的是将家中回收的纸盒变成大型积木，提供给宝宝大肌肉的活动，并让宝宝在闪躲过程中建立身体的空间概念。

玩法一：将纸箱当成大积木，它比平常宝宝玩的小积木体积大，堆放的过程中对宝宝的大肌肉活动很有帮助，垮掉时还可以数数看，用了多少积木。

玩法二：将面纸盒或其他纸盒粘成一座城门，四周还可以增加一些障碍，提升游戏的挑战性，也可以变换规则，让宝宝爬行或跳跃，这可以提升宝宝身体对空间的知觉。

善于理财的乖宝宝

目前物质生活丰富，有不少家长发现自己的孩子花钱大手大脚，日常的说教却收效甚微。其实父母只要花点时间与心思，就可以从小培养宝宝正确的理财意识。父母可通过如下方法改变宝宝随便花钱的习惯。

1 和宝宝讨论零用钱规则，包括金额、支付时间、使用内容及超支处理方法等。

2 定期支付零用钱。

3 在确定的零用钱范围内，保证宝宝有充分自主权，并自己负全责。

4 宝宝提早花光零用钱又向父母要钱时，要断然回绝。

5 让他模仿大人建立零用钱记账本。

6 帮宝宝开立账户，让他自行管理。

7 定期检查宝宝的零用钱账本，一起讨论结果。

8 千万不要把零用钱当作好成绩和表现良好的报酬。

9 充分尊重宝宝的需求和个性。

10 让宝宝看到父母勤俭和储蓄的模范表现。

爸爸妈妈不要以为让宝宝太早接触“钱”是件不好的事情。其实越是早期对宝宝进行理财教育，越是对宝宝今后养成良好的理财习惯有好处。

对待“问题宝宝”有妙招

“顺手牵羊”不可怕

当听到有的父母发出“我的宝宝也会顺手牵羊吗？”这样很是吃惊的问话时，我们想告诉这些父母，其实这并不可怕，只要正确对待宝宝的问题，就会顺利解决。

宝宝不是故意要偷的

以3~4岁的宝宝为例，所谓偷窃或顺手牵羊，通常宝宝并非刻意如此，因此并不能算是真正意义上是“偷”。它可能代表的意义是，宝宝不懂得拿取物品需要付出代价。宝宝可能没有意识到这些东西要花钱来买，所以也不知道没有付钱就随便拿东西是错误的，在他们的心里，只是单纯的“想要这个东西”而已。宝宝还没有具备清楚区分“自己的”与“他人的”的概念，道德发展也尚未完全成形。2~5岁的宝宝，没有完全理解他人立场与感受的能力，而是以渐进式的方式学习与发展。

告诉宝宝错误原因以取代责难

我们已经了解到此年龄层的宝宝出现顺手牵羊的行为，其背后的意义很可能仅是认知发展上的问题，所以当家长发现宝宝拿东西的时候，不要给予过多的责怪，但是仍应该借此事件让他了解到这样的行为是错误的。

家长过度愤怒的责备或放任不管，很可能都达不到效果，强烈的情绪反应会伤害宝宝的自尊并且模糊焦点。此时宝宝需要的是温和、坚定的态度，告诉他做错了什么，及此刻应该做什么弥补、下次应该怎么做。

宝宝说谎怎么办？

随着小宝贝开始会说话，语言能力逐渐成熟，到了3~4岁语言表达较明确时，宝宝就会有爱说谎的行为发生，这也是宝宝成长过程中通常会有的现象。小宝贝说出“夸大”或“不实”的话，其实是背后藏有一些需要被关心和注意的心情和愿望，并不是大人想的那么复杂和严重。

心生恐惧的说谎

宝宝常常会因为做错事心生恐惧，害怕被处罚而说谎。此时爸爸妈妈不要动怒，也不用直接指出他说谎，可以思考如何帮助和鼓励小宝贝说出实情、帮助他明白道理。可以告诉宝宝爸爸妈妈相信他做错事一定不是故意的，只要他愿意承认，爸爸妈妈不会处罚他，爸爸妈妈会觉得他很棒，因为他是一个诚实的好小孩。

通常这个时候宝宝都会诚实承认，宝宝妈妈可以表示原谅和赞美他的诚实，让彼此之间没有因为害怕而产生距离。

逃避责任的说谎

有时宝宝会因为逃避应该负的责任而撒谎。这时，爸爸妈妈就要按部就班，教导宝宝这件事情该如何做。爸爸妈妈可以告诉他："对不起，这些玩具不是小熊的，是你的，如果玩具没有收完，爸爸妈妈就不能带你去吃点心咯！"训练宝宝养成为自己的行为负责任的习惯即可。

攀比的说谎

宝宝开始和同龄人互动时，容易产生比较或攀比的心态，宝宝的思维模式不及成人全面，有可能没有经过考虑，随口就说出不真实的话。这个时候爸爸妈妈可以了解宝宝的愿望，鼓励宝宝勇于表达自己心里的想法。

小提示

对于宝宝的"谎言"，爸爸妈妈不必过于紧张，更不要大声斥责宝宝，这样反而会增加宝宝恐惧，甚至会再次刻意说谎。只要运用以上办法，多半宝宝都会很快改正。

“无理取闹”也可教

理解宝宝的情绪反应

当宝宝无法达到自己的某些目的时，就会利用动物最原始的本能，如生气愤怒或哭闹来表达自己的情绪，这也是正常的反应，父母不必吃惊责怪。

爸爸妈妈可以这样做

父母在面对这样的宝宝时，第一阶段是要让宝宝清楚地知道规范是什么；第二阶段是父母必须有原则，千万不可以因为宝宝哭闹而心软；第三阶段，当宝宝发现哭闹或耍赖的方式无效时，自然也就不会再用这样的方法。

小贴士

当宝宝有无理取闹或耍赖的行为出现时，父母常觉得非常头疼，束手无策。其实小孩面对事情的处理方式决定于父母响应的态度。

物质危机可改变

有的宝宝会特别在意物质享受与需求，使得爸爸妈妈不断担心宝宝陷入了物质危机之中。宝宝之所以会如此，不见得是因为了解物品的价值，通常是家长无意中展示的行为，灌输于他的脑海中，以致加深他对物质的追求。

理清原因出处

爸爸妈妈应及时找出形成宝宝该项行为的原因，分析这是源自于大环境的压力还是父母自身对宝宝的照顾方式有问题，方便“对症下药”。

跳脱固有框框

家长可试着提出其他不同于以往的看法，同时减少在物质方面对宝宝的赞美次数，接着拿出预先筛选过但不那么精美的物品让他作选择，既然选择有限，宝宝也只得学着接受安排了。

转移宝宝注意力

可带宝宝看看不同人家的生活，引导他们认识不同的生活层面，朴素的、简单的也同样是快乐的。帮助他

逐渐摆脱对物质的执着，发现学习、快乐、亲情、友情等更多有意义的事物。

宝宝每一个攻击行为的背后，都在诉说着一段故事。或许是宝宝希望受到注意，希望有人关心；或许是宝宝有遭受暴力经历的阴影笼罩着他，而他心中有许多的愤怒、恐惧挣扎着想找个出口；也或许是他对自己的评价过低，周遭没有一个人来鼓励他。即使宝宝今天欺负人，也不代表他的本性就是邪恶的，宝宝的负向行为需要成人用更多的爱、包容和引导，将他导回正常的方向。

建议家长可以适时地予以制止，过分责骂和体罚反而会增加宝宝的逆反心理。可以等到宝宝情绪平静下来之后，以合适的口吻跟他讲明为什么这样做不好，正确的做法是什么样的，并在他今后每次表现良好时予以夸奖。

野蛮宝宝有成因

宝宝出现野蛮或暴力倾向，其实与宝宝的生活环境和宝宝的心理发展有着非常大的联系，正是不良的环境造就了宝宝暴力的心理。尤其在宝宝1～3岁，这段宝宝性格形成的关键时期，爸妈更应注意引起宝宝暴力行为的原因。

吸引别人注意

有的宝宝有很强烈的表现欲，在不被人注意的时候，就喜欢做一些野蛮或小小的“暴力”动作，来引起别人的注意，比如，打别的宝宝一下，抓一下妈妈的头发，欺负一下小宠物等等。

模仿成人行为

小宝宝的心里其实是会想很多东西的，在1～3岁的时候正是宝宝模仿行为的黄金阶段，有时候宝宝的暴力行为是来源于模仿。

别以为宝宝周围的暴力行为对不懂事的宝宝没有任何影响，让宝宝总处于暴力的环境中，久而久之，就会形成宝宝的野蛮或暴力心理，心理是行为的起因，所以爸妈一定要注意宝宝生活的环境。

家庭不和睦

有些家庭不和睦，爸爸妈妈的争吵，甚至打架，会影响宝宝的健康成长。处在这样的环境中，宝宝很容易就会染上暴力的习惯，甚至有些家长在教育宝宝的时候，让宝宝不能吃亏，在受到欺负的时候要“以牙还牙”，这样更是助长了宝宝的暴力倾向。

弥补语言的不足

有的宝宝可能在语言表达方面不是很好，在受到别的宝宝语言上的“攻击”时，无法用语言“还击”，因此采取一些野蛮或暴力行为来维护自己。

要求不能满足

很多时候爸爸妈妈都对宝宝有求必应，突然对宝宝的要求不能满足时，一些宝宝就开始发脾气，甚至出现一些野蛮或暴力倾向的动作。

对付野蛮宝宝有办法

3岁以前的宝宝没有自行分辨对错的能力。针对宝宝的不良行为，爸爸妈妈从宝宝幼小时就要制止并建立适当的规范，避免日后养成宝宝野蛮的习惯。

给予宝宝适当的规范

每次当宝宝出现不良行为时，大人一定要用肢体和语言一致果断地表示“不准”。当然父母一定要心平气和地立即制止，甚至暂时将宝贝抱离“战场”。但记得语气、行为不能简单粗暴，要为宝宝做一次高EQ的示范噢！

接受宝宝的负向情绪

既然喜怒哀乐是天生的，就没必要强迫宝宝压抑。应该先为宝宝的情绪找到出口，给他一个

厚实的拥抱平抚心情，然后试着理解他的感受。

爸妈可先抱起并安抚宝宝而不用急着处理事情。宝宝有情绪，应先让他的情绪安静、平复下来。当宝宝有了被了解的感受，情绪也容易被安抚下来。如果家长和宝宝都很着急，亲子之间就容易起冲突，反而增加了处理难度。

鼓励以替代方式处理冲突

虽然宝宝年纪还小对事理似懂非懂，但不反复讲给他，他就有可能永远不懂。如果是两个宝宝的冲突，宝宝情绪起伏很大，应同理他的心情和立场，并且用中立的词语来跟他说。例如：他拿了别人的东西，不要说抢，也让他去理解别人的心情，并且鼓励他可以用替代的方式处理冲突，如告诉宝宝："你可以跟弟弟说，等一下借我玩好吗？"

教导宝宝用语言表达怒气

研究证明，语言发展较好的宝宝，遭受到的挫折感也比较少，因为他们懂得以语言表达自己的需要，所以容易被满足。当他们说出自己生气难过的原因时，不仅有助于情绪宣泄，也能获得他人的理解和安慰。爸爸妈妈可以在宝宝遇到挫折、生气、难过的时候，教导他们用语言而非肢体表达怒气，逐渐塑造彬彬有礼的宝宝。

要记住，家长永远是宝宝最好的老师，良好科学的家庭教育胜过一切！

驯服家中“小霸王”

想驯服家中的“小霸王”，“以暴制暴”恐怕难收成果；而采取“铁的纪律”未必能让聪明的宝贝心服口服。暴力儿到底该如何对付，如何教育？用让宝宝“在乎”的手段来取代处罚，发挥小趣味，教宝宝学习承担后果，才是正确的做法。

快乐管理员

说明：

当宝宝因为一时任性而误伤同伴该怎么办？建议爸爸妈妈可用“快乐管理员”一招，作为暴力儿的处罚方式。

方法：

1 把同伴弄哭了该怎么办？替伤心的同伴找回欢笑，是暴力宝宝需付出的代价。

2 要求暴力宝宝担任“快乐管理员”，负责悲伤宝宝一天的喜怒哀乐，想办法让悲伤宝宝重拾欢笑。只有让悲伤宝宝破涕为笑，警报才能解除！

3 在担任一天的“快乐管理员”后，邀请暴力宝宝分享负责快乐的心得。

用意：

从暴力到欢乐，通过将心比心的身份转换，教育宝宝在错误行为之后，需学习承担后果，并应时时为他人设想。

手牵手和解

说明：

宝宝发生口角争执怎么办？一团和气，才能化敌为友噢！

方法：

1 才一点小事就吵架伤和气怎么行？一起牵手罚站5分钟，思考问题出在哪儿吧！

2 不愿意牵手修复感情，你还有拥抱罚站5分钟可选噢！

3 忍不住想偷笑了吧！其实大家都是好朋友，没什么好吵的！

用意：

通过让宝宝稍感尴尬的爆笑处罚，让宝宝化愤怒于无形，同时在事后可教育宝宝，随意中伤他人的后果，其实吃亏的还是自己。

以退为进

说明：

天真宝宝变身小恶魔，爸爸妈妈难辞其咎！

方法：

1 父母在训诫宝宝前，可试着向家中小霸王反省：“都是爸爸妈妈的错，才让你今天变成讨人厌的暴力宝宝。”

2 宝宝一起跟着爸爸妈妈思考，自己有没有错的地方。

3 伤害他人不但破坏和气，还会树立敌人；学习道歉和负责，才能变成万人迷。

用意：

利用宝宝对父母的忠诚与同情心，以“以退为进”的手段，教宝宝学习同理心。

小贴士

除了少数行为异常的宝宝，多数宝宝的攻击行为，都非与生俱来，攻击行为仅是情绪的表达手段。当错误行为出现时，父母亲要用心观察，找寻原因，通过转移注意力与正面的行为引导来教育家中暴力儿。只要对症下药，宝宝的暴力问题，其实一点都不难解决。

宝宝野蛮倾向小测试

想知道宝宝有没有野蛮或暴力倾向吗？程度怎样？现在我们可以做个简单的测试。

1. 宝宝是否总是对你或家人、小朋友等“大打出手”？

A. 是　　　　　　B. 否

2. 宝宝是否经常莫名奇妙地“雷霆大怒”，并伴有长时间的哭闹？

A. 是　　　　　　B. 否

3. 宝宝是否喜欢抢别的小朋友的玩具？

A. 是　　　　　　B. 否

4. 宝宝经常故意把你刚刚收拾好的东西搞乱，看着你忙忙碌碌的样子，他却在一旁自得其乐？

A. 是　　　　　　B. 否

5. 宝宝是否经常对自己“施暴”，以此来博得你的关心和疼爱？

A. 是　　　　　　B. 否

6. 宝宝是否对有野蛮暴力内容的动画片特别感兴趣，甚至超过了对其他玩具和游戏的兴趣？

A. 是　　　　　　B. 否

7. 宝宝是否经常模仿其他宝宝之间、成人之间或影片里的野蛮或暴力行为？

A. 是　　　　　　B. 否

8. 宝宝在自己的要求得不到满足时，是否会对别人发怒或哭闹不止？

A. 是　　　　B. 否

结果判定

☆☆☆☆☆0星宝宝：

A项出现6～8次，妈妈就需要对宝宝的野蛮或暴力行为引起高度重视了。

★★★☆☆3星宝宝：

A项出现3～5次，你的宝宝已经有了野蛮或暴力的苗头，不过还要再观察一段时间才能做出最后结论。

★★★★★5星宝宝：

A项出现1～2次，妈妈大可放心，你的宝宝暂时还没有与野蛮或暴力亲密接触。

PART 3
第3章
健康心理 好习惯

乖宝宝自信满满

相信每一位爸爸妈妈都希望自己的宝宝从幼小的嫩芽有朝一日成长为挺拔的参天大树，以下几个可以帮助宝宝从小学习发展自信心的方式，提供给正在苦恼于宝宝自信心不足的爸爸妈妈们做个参考。

合理的期待

一般家长对宝宝都有“望子成龙、望女成凤”的期望，在高竞争且少子化的社会，对宝宝的要求越来越高。当宝宝无法达成父母的期许时，通常都会换来“你太令我失望了”、“为什么×××做得到，你就不可以”之类责难的口气。

其实，宝宝的发展本来就具差异性，在他们成长的过程中，家长切勿用比较和责骂的方式指责宝宝。这样的方式，会让他们以为自己不如人，不相信自己的能力，自信心就会越来越低落。

加强生活自理训练

在现在的许多家庭里，宝宝是“宝”，父母反而成了“孝子”去“孝顺宝宝”，把宝宝的生活起居照顾得无微不至。这种全方位照顾型的父母，易教养出自信心薄弱的宝宝。建议父母在适当的时机学习放手，让宝宝自己试着完成基本的生活自理。

鼓励宝宝当小帮手

在适当的时机，给宝宝一些帮助别人的机会。例如：宝宝的玩具请他帮忙收拾，提太多东西时可以分一点请他帮忙拿，等等。当他完成了帮忙的事务，父母要加以肯定，让他知道这样的举动是会被赞许的，之后就会更加乐意帮忙。

适当的赞美，可以加强宝宝自信心的发展。

从小灌输等待和轮流的观念

在游戏场上，宝宝想要的玩具正被另一个宝宝使用，这时可告知他“先来后到”的规则，应该用等待来获得玩耍的机会，而不能用强夺的方式。宝宝若能有“等待”的观念，比较容易在同龄人和亲友间得到尊重，进而拥有良好的人际关系。

反过来说，若在游戏中，宝宝先拿到了玩具，就可适时提醒他“换人玩一玩”。让他了解玩具不是先拿先赢，尤其在公开的场合里，不应有占为己有的心态。告诉宝宝：虽然我们先拿到了，但也有人等着玩，不可以自私地占用。要有“轮流”的态度，让宝宝学习无私，懂得关怀他人的需求。此行为会让人际关系更为和谐，并得到他人的赞赏，而在被赞赏的同时，自我肯定感油然而生，宝宝自信心亦会增加。

小贴士

自信心的培养需要家长们的陪伴和帮忙，多给宝宝肯定和鼓励，在宝宝成长的过程中奠定良好的基础。

当勇敢成为习惯

在宝宝日常起居的生活中，难免会遇到一些让宝宝感到恐惧、不安、紧张的时刻。但是太多的恐惧感会让宝宝产生不安全感，没有自信，对事情产生逃避的心态，无法面对事实的真相，所以整体来讲，大人应提早对宝宝的恐惧做好适当的应对措施。

常态的恐惧

一般来说，4岁前的宝宝容易对黑暗、鬼、打雷（大声响）感到害怕。怕黑是非常普遍的恐惧，也没有特定的原因或解释可以帮忙。建议父母遇见宝宝怕黑的情形，可以为他安装有趣的夜灯。在这里要特别提醒爸爸妈妈，绝不要嘲笑宝宝，这样对他来说是很残酷的！

另外，建议家长陪着宝宝把事情讲出来，以化解他心中的恐惧，父母应让宝宝开放地、明白地把造成他恐惧的东西说出来，并全心全意陪着他及倾听。

害怕分开

宝宝常有的恐惧就是害怕与照顾者分离。当他们很小的时候，他们怕你离开他们的视线，等到宝宝大一点的时候，他们会担心你不会回来，或者当你不见的时候、出门的时候会出意外，使得他们永远失去父母。

这时的父母可以做的就是再次确认保证，一步步与小孩说明当大人离开的时候，什么样的事情会发生。这样小孩比较能够安心，也能清楚理解大人有该做的事情。

当弟弟妹妹出生时

当小宝宝出生以后，小朋友第一次要跟宝宝见面的时候，妈妈的手记得不要只抱小宝宝，另一只手也应该抱抱小朋友，让他知道即使有一个新的小宝宝，小朋友还是妈妈最重要的宝贝，这样他才有充分的安全感。

当宝宝受伤或跌倒时

父母可以创造一种“魔法膏”，当宝宝受伤或跌倒时，用魔法膏帮宝宝揉一揉、吹一吹，会有很好的“疗效”，会让宝宝知道你了解他，也知道你会心疼他。好好抱紧宝宝，给他一个大大的拥抱，发出同情的声音，让他感觉到你了解他有多么痛。

小提示

其实，宝宝的勇敢多半来自爸爸妈妈和家人的鼓励与支持，所以为了宝宝将来可以独自面对更多的困难与压力，请家长们从现在起不要再吝啬用各种各样的语言和行为对宝宝进行鼓励。

教宝宝不再害羞

有的宝宝来到不熟悉的环境中或是见到陌生的人都会出现害羞的情况，爸爸妈妈不要为此着急，只要家人有足够的耐心去实施“改造计划”，宝宝一定会变得大方主动起来，让我们一起来试试看吧。

不敢跟陌生人、不熟悉的长辈说话

a.亲身示范

宝贝不常看到爷爷等长辈，可能会因不熟而心生畏惧，除了适时引导外，妈妈还可示范适当的打招呼方式。

b.非语言示意

还是不敢开口怎么办？爸爸妈妈也别太着急，可以事前先与宝宝讨论他能接受的折中办法，并循序渐进地改善。

c.电话练习

宝宝不敢跟陌生长辈开口说话，有时是因缺乏互动练习机会才会害怕。为了消除面对面的紧张感，家长可试着让宝宝学习打电话，并给予鼓励与赞许。

害怕与陌生同龄宝宝独处

制造互动

宝宝之所以会害怕与另一个宝宝交谈对话，有时是因为跟对方不熟，家长或老师不妨为宝宝制造一点互动（包括肢体碰触）机会，频繁互动，自然不会尴尬怕生咯！

小天使守护

在幼儿园教学环境中，常会遇见半途转学进来的新同学怕生，这时，老师可以请个性较大方、活泼的同学帮忙，当起新生的“小天使”，带领新同学去“搜集”其他小天使，建立熟悉感。活泼同学的热心引导，有助于新生迅速拓展人际关系。

小贴士

与害羞宝宝相处，千万别把规则定死，爸爸妈妈对宝宝别勉强。当宝宝表达出不愿开口、不想互动的态度时，家长首要工作不是强迫，而是在当下寻求替代方案，并在事后与宝宝充分沟通，给予支持与稳定力量，以循序渐进的方式打开宝宝的心窗。

让宝宝不再恐惧分离

适应短暂的分离

随着宝宝一天天的成长，爸爸妈妈和家人不可能总是无时无刻地陪伴着宝宝，总会有或短或长的分离，让宝宝不惧怕分离、适应分离也是有办法做到的。

在宝宝尚未完全排除分离焦虑的时候，爸爸妈妈可借助如下8个方式，引导宝宝忘却短暂分离的恐惧。

事先预告

面临主要照顾者突然消失，尚未独立的宝宝，总是会在家门口与爸爸妈妈上演一段“泪光闪闪之十八相送”戏码。要避免宝宝因怕分离、不安而哭到“肝肠寸断”，建议家长，务必“事先预告”自己的离开，让宝宝提前有心理准备。

换人接送

在父母当中，宝宝一般特别依赖其中一人，因此可选择让依附感较低的一位接送幼儿园或学校。我们会发现，若宝宝较依赖妈妈，只要妈妈接与送，宝宝就会哭闹较久，但若改由爸爸接送，宝宝就能较快进入接受分离的情况。因此，换人接送也是过渡期处理分离恐惧的方式之一。

携带安全感替代物

其实大多数的宝宝都有自己非常喜欢的布偶、毛巾、小被子、小玩具等等，可以让宝宝携带这些安全感替代物去幼儿园或学校。但尽量以可放入书包的大小为限，以免分散宝宝的学习注意力、降低学习欲望。

给予鼓励和肯定

爸爸妈妈和家人可以尽量称赞、肯定宝宝在与家人分离后的时间内，某件事情做得很好，用鼓励与支持，让宝宝感受到他在团体生活中已经得到充分的肯定，感到他在幼儿园或学校里得到成就感，从而冲淡分离的恐惧。

增加相处时间

在宝宝刚开始上幼儿园或学校的时候，父母家人要在放学课余多陪伴他，增加相处的时间。对宝宝而言，他会发现分离对他来说没什么不好，爸妈还是很爱他，不会因为去幼儿园、去学校而改变。

分享宝宝的所闻所见

多跟宝宝聊在学校里发生的有趣事情，并以具体的问题提问。对宝宝而言，如果你没有问具体的问题，他会无法理解你想知道的是什么，而吃跟玩可能对他来说是记忆

最深刻的事情。如此具体的问题，宝宝才能和你分享，回忆起有趣的事情，但切记不要问负面问题。

信守与宝宝的约定

说到做到，记得跟宝宝之间的约定。例如：约定在宝宝放学后去接他，就要准时去接他，千万不要让他成为最后一个被接走的小孩。对宝宝的心理层面而言，等待是非常令人恐惧的，他可能好不容易调适好，在学校里很有安全感，却因等待浮现恐惧，就有可能排斥上学。若有事情耽搁，最好先让老师转告宝宝，让宝宝有心理准备，或是一早就先跟宝宝说好，并请值得信赖的人去接送。

与老师保持密切的联系

由于宝宝的表达能力仍处于发展阶段，只会说出他不想上学，却无法详细表达不想上学的原因为何，而将他对于学校的恐惧和不安全感，反映在他不想和妈妈分离。因此，家长可以跟老师多联系沟通，了解宝宝在学校的状况，或是将宝宝告诉妈妈的在学校的不愉快告知老师，请老师协助处理。

小提示

宝宝的成长过程中，必定会经历分离焦虑的阶段，因此家长应做好心理准备，宝宝有这样的情绪是正常的。宝宝的情绪反应越强烈，代表他与你的亲密感与依附关系越强，也表示你们的亲子互动良好。因此，应试着体会他的感觉，帮助他抒发情绪，不要同时给予过多的刺激。

适应长期的分离

有的家庭常常会出现爸爸妈妈长期不在宝宝身边的情况，那么该怎样维系好亲子关系呢？如果宝宝年纪很小，还处于不会认人的阶段，分离对宝宝来说没有太大的差别和影响。但如果开始会认人，宝宝要与父母分开就会越来越有难度。但是，与照顾者的关系，可以决定宝宝是否有足够的能力面对父母长期不在身边的情况。

建立有安全感的依附关系，对宝宝而言是非常重要的。如果宝宝和照顾者的关系不错，比如宝宝的祖母、祖父或外公、外婆等较近的直系亲属，对宝宝关爱有加，那么宝宝的安全感可以获得满足，即使不常和父母在一起，只要父母定期频繁地探视，分离对宝宝造成的焦虑就会减低很多。

但要注意的是，尽可能不要让分开的时间超过3岁。因为宝宝3岁以后，通过同龄人关系中的比较和社会化的学习，宝宝会开始对父母没有在身边的事感到敏感。若加上和照顾者的关系不愉快，安全感没有被满足，就会加深他们希望与父母在一起的渴望，而且如果3岁以后，父母才带他回来自己照顾，要修复关系或重新建立关系都会比较困难。

小贴士

除了和照顾者相处外，宝宝也很需要与同龄孩子相处，练习团体互动，对孩子是有好处的。

塑造抗压“小超人”

协助宝宝放轻松

爸爸妈妈不要以为宝宝年纪小，应该无忧无虑，哪里来的压力？其实不然，宝宝也时常会遇到在他这个年龄里遇到的各种各样的挫折与困难，这些都会给宝宝带来不小的压力呢。所以宝宝也需要做个深呼吸，排解压力哦。

照顾宝宝的身体

平时宜维持规律的睡眠与饮食习惯，若在压力源下出现饮食与睡眠习惯的改变，要留意并咨询儿科医师是否在宝宝健康的承受范围。

规律的体能运动，可加强宝宝在面对压力时的身体承载度，降低因压力所引起的身体反应。跑步、舞蹈、走路、体操、骑脚踏车等，均能伸展主要的肌肉群。所以若是宝宝平时仅喜欢静态的游戏，记得拉他一起听听音乐，或假日定期到户外活动筋骨。

关心宝宝的情绪感受

鼓励宝宝用语言而非动作表达情绪，以“我不开心”、“我很生气”替代丢掷物品、对自己或他人的肢体攻击。若宝宝需要用身体释放他的怒意，打沙包、捶枕头、跑步，都是可以采取的策略。

帮宝宝养成正向对话、语言幽默和勤于思考的习惯。和宝宝一起看喜剧、听好笑的笑话，培养宝宝自我解嘲但保有自尊自信、不同角度看事情的思考习惯。

巧妙的生活管理

排定休息时间，在学习的空档给宝宝一个拥抱、一点鼓励。

每天与宝宝独处一小段时间，即使是短短的10分钟都好，在这个时间里，给他全然的自主与接纳，由宝宝决定这段时间中的活动。

以身作则，找出情绪的出口

宝宝也可以了解爸妈的压力，爸妈更可以示范如何表达自己的情绪、感受与想法，但是千万别把自己的问题丢给宝宝，他们无法负担成为爸妈知己、协助者的角色，这只会让他们觉得因为帮不上忙而有更深的无力感。

小提示

提醒每一位父母亲需要妥善处理自己的压力，别把宝宝当作压力的宣泄口或是心理治疗师。在可能的情况下，调整自己的工作量，把陪伴宝宝的时间单纯化，尽量避免把在公司中的疲倦、压力感受带回家里，在公司与家里之间找一个缓冲的时间与空间。

正确面对挫折

父母疼爱宝宝的心情，其实不难理解。但每个宝宝在成长过程中，遇到挫折在所难免，爸爸妈妈只要掌握循序渐进的原则，从中给予正向启发与实际练习，让宝宝平和地面对“得与失”，培养其对挫折的忍受度，不断化解宝宝成长中的危机，其实也并不是困难的事情。

正向＆明确启发

当宝宝有尝试意愿时，家长不要一股脑地剥夺他的学习机会，应采取正向启蒙方式。带领他找出受挫原因及解决办法，让宝宝每一次练习都能得到宝贵的经验，由此建立自信心。

若宝宝表现不错，家长可持续提高阶段性目标，但千万别以100分的高标准要求他，以免宝宝自觉无法做到而放弃。

加强事前引导

“授之以鱼不如授之以渔”，这句古老的谚语同样适用于亲子教育中。家长可在宝宝尝试前，先试着教他该怎么处理，或试着为宝宝个别分析其中的优缺点等，让他实际面对时，能有可依循的方式；而非赶鸭子上架，却又草草结束。

小贴士

家长应在宝宝成长的过程中，营造轻松面对成败的氛围，宝宝自然会在这种氛围中学会忍受挫折、接纳失败，拥有一个充满笑声的童年。

不要过早注入学习压力

宝宝拥有快乐的童年很重要，爸爸妈妈千万不要为了攀比逼迫宝宝学习，这样会造成他以后对学习的排斥与厌恶，造成宝宝真正入学后，反而学习成绩总也提不上去。其实这多半都不是宝宝智商问题，而是宝宝面对父母给予的过多学习压力而失去了学习兴趣。建议爸爸妈妈不妨这样做：

适龄培养，有助成长

在宝宝成长的初期，爸爸妈妈和家人不要急于求成，应将启蒙的重点放在宝宝的体能、动作、音乐、语言、自然观察等方面，提供广泛接触机会即可，之后再视宝宝的兴趣倾向，适量选择，加以重点培养与学习。至于才艺的部分，则建议家长等到宝宝大点入学前后再考虑也不迟。

慎选活动，陪伴摸索

如果爸爸妈妈真希望自己的小宝贝获得足够的学习刺激，还应慎选活动的质与量，并在学习初期尽可能在旁陪伴宝宝，或将活动当作父母与宝宝直接互动时的内容之一。另外，阅读、画画、排积木都是有益宝宝智能发展的好活动，宝宝独自玩和有同伴加入，又各具不同的乐趣。虽然现在的爸爸妈妈无论是工作还是生活中都很繁忙，但还是建议家长们尽可能抽出时间，变换不同的方式，陪伴、引导宝宝一起动动手、动动脑哦！

小提示

爸爸妈妈无论培养幼小的宝宝参加什么样的学习，都应牢牢记住宝宝的兴趣最重要。画得是否像，弹得是否悦耳，唱得是否动听，跳得是否优美，那都不如兴趣重要。将来对宝宝的技能培训，如果没有足够的兴趣，将很难有成绩。

“阳光宝贝”人人爱

如何疏导宝宝的嫉妒心

嫉妒心，虽是宝宝成长过程中的一种自然现象，但父母不能就此听之任之，而要及时疏导，以免使宝宝形成不良的性格。宝宝嫉妒心的表现很外露，不会掩饰。只要稍加注意，你就能及时发现，及时疏导。

给宝宝充分的关爱和温暖

你充分的关注和爱能使宝宝产生安全感和信任感。特别是当与其他小朋友在一起时，父母要注意态度，避免对别的宝宝太亲热而刺激宝宝的嫉妒心。同时告诉宝宝，爸爸妈妈爱其他小朋友，更爱自己的宝宝，如果宝宝像爸爸妈妈一样爱小朋友，宝宝和小朋友才能友好相处。

引导嫉妒情绪向积极方面转化

这主要靠父母的教育和引导，从而激发宝宝的竞争意识和自强信念。首先，帮助宝宝弄清别的小朋友是怎样获得成功的，使他改变只从结果进行比较的低层次、简单的思维方法。其次，指导宝宝进行自我分析，帮助他找出自身的弱点和优势，避免自私、攻击、执拗等不良心理的骚扰。如告诉宝宝："你也有很多优点，你的眼睛水汪汪的，脸蛋儿长得很甜，不仅会唱歌，还能帮爸爸妈妈做事。"让他感到自己有很多优点，将嫉妒别人的消极情绪转化为积极方面。

激发宝宝的自我意识和自信心

当看到别的宝宝在某些方面比自己的宝宝强时，不要当面责备宝宝，如"别人能行，你怎么就不行"，这样只会挫伤他的自尊心和自信心。当宝宝有一点点进步的时候，就要及时给予赞

许，让他意识到自己的能力和力量，激发他的自我意识和自信心。

让宝宝对自己的能力有信心，首先要肯定他的能力，即使批评他时也不要批评他这个人，而是批评他的行为。经常提醒宝宝有些事情他能做好，在宝宝做错事情时，不对他说泄气的话，并帮助他从失败中总结教训。

帮助宝宝调节伤害性情感

有时宝宝嫉妒别人，常会情不自禁地去伤害别人，如抢别人的玩具，将别人心爱的东西弄坏，甚至打人等，这样的行为会伤害别人的感情。要帮助宝宝摆脱伤害性情感的困扰，保持愉悦舒畅的心情，及时鼓励宝宝，如说："你搭的飞机很不错。""你会唱歌，而且唱得很好听呢。"当宝宝妒火中烧时，千万不要火上加油，骂他"没出息"、"真笨"。同时，要对宝宝进行积极的情感暗示，如用鼓励的目光进行情感暗示，或者转移他的注意力，给他讲故事，带他出去散步等，使他用另一种情感冲淡或代替嫉妒心。

体会分享的快乐

宝宝越小越不容易与人分享，他没有所有权的观念，每样看到的东西都认为是他的，会吵着把别人的东西带回家。玩玩具时会说"是我先来的，我先拿到的"来争取自己的使用权和所有权。

这时要让宝宝学习和其他小朋友和乐相处、学习轮流，刚

开始可以要求宝宝从愿意等一下下到可以等待久一点的时间。

告诉宝宝要分享，教导宝宝“要跟他一起玩”、“这个请他吃”、“请把这个给他”等。当宝宝分享心情时要跟他说“谢谢你告诉我”。

用感恩滋养宝宝的心

宝宝的人生不可能总是一帆风顺，迟早有一天需要离开父母的羽翼。现代社会中，感恩是一种处世哲学，也是拥有健康性格的表现。你想灌输怎样的人生观给宝宝呢？不用跟宝宝说大道理，身教远比言教能发挥更大的影响力。

检视自我停止抱怨

家长不妨检视一下自己在宝宝面前的言语和行为，你是否一下班一回家开口就没好话，抱怨工作不顺、抱怨宝宝不听话、抱怨家务太多……你是否对他人的好运、际遇显得羡慕或愤愤不平？宝宝不乖时，你处理的方式是否是大声尖叫、发脾气？若父母经常抱怨、埋怨人生不公，那当宝宝遇到不如意时，从父母身上学到对待挫折的方式就是抱怨。遇到挫折时应想办法解决而不是抱怨，要时时感谢自己拥有的而非抱怨自己没有的，父母就是宝宝最好的活教材。

让感恩变成一种习惯

建议家长不妨一个礼拜最少进行1次“感恩仪式”，陪伴宝宝逐步建立感恩的习惯。爸爸妈妈可选在宝宝睡前或上学途中陪他一块感恩，宝宝可以感谢任何他想感谢的人事物（如爸妈、老师、玩具、宠物、食物等）；当宝宝收到一份他很喜爱的礼物，或是想对生命中很重要的人表达感谢时，可以鼓励宝宝说出来或陪他一起写感谢卡片。

若宝宝还不会写字，可用画画、注音方式来表达，一定会让收到卡片的人倍感温暖。同时，这些举动也可启发宝宝体会自身已拥有的，并在成长过程中不知不觉养成感恩的好习惯。

小提示

培养宝宝拥有一颗感恩的心，不仅能让他懂得惜物、爱物、知足，同时也能帮助他在未来碰到困境时能够不丧志、不气馁；还能够使他转换心态，将诅咒化成对生命的礼赞，达到“遇困顿不抱怨，用喜乐感恩面对生命”的境界。